经典特战装备鉴赏指南

军情视点 编

金装典藏版

化学工业出版社
·北京·

本书收集了全球两百余款特战武器装备，包括突击步枪、冲锋枪、狙击步枪、霰弹枪、机枪、火箭筒、手枪、战术刀、手雷、运输机、直升机、无人机、装甲车等。每款武器都有详细的性能介绍，并有准确的参数表格。通过阅读本书，读者能够对特战武器装备有一个系统、全面的认识。

本书不仅是广大青少年朋友学习军事知识的不二选择，也是军事爱好者收藏的绝佳对象。

图书在版编目(CIP)数据

经典特战装备鉴赏指南：金装典藏版 / 军情视点编. —北京：化学工业出版社，2017.3 (2025.4重印)
ISBN 978-7-122-29050-2

Ⅰ. ①经⋯ Ⅱ. ①军⋯ Ⅲ. ①特殊环境下作战-武器装备-世界-指南 Ⅳ. ①E92-62

中国版本图书馆CIP数据核字（2017）第027012号

责任编辑：徐　娟　　　　　　　　　　装帧设计：中海盛嘉
责任编辑：宋　玮　　　　　　　　　　封面设计：刘丽华

出版发行：化学工业出版社(北京市东城区青年湖南街13号　邮政编码100011)
印　　装：中煤（北京）印务有限公司
710mm×1000mm　1/16　印张18　字数450千字　2025年4月北京第1版第2次印刷

购书咨询：010-64518888　　　　　　　售后服务：010-64518899
网　　址：http://www.cip.com.cn
凡购买本书，如有缺损质量问题，本社销售中心负责调换。

定　　价：69.80元　　　　　　　　　　　　　　　版权所有　违者必究

前言

特种部队（即特种作战部队）是指国家或武装集团为实现特定的政治、经济或军事目的，专门组建的用于执行某种特殊任务的部队，具有编制灵活、人员精干、装备精良、机动快速、战斗力强等特点。现代特种部队在反恐维稳等方面发挥着极其重要的作用，他们执行任务时的保障离不开他们随身携带的特战武器装备。

特种部队使用的装备主要包括主战武器（冲锋枪、突击步枪、机枪）、自卫支援武器（手枪、军刀）、特种交通工具（运输机、装甲车）、通信和监视装备以及个人防具等。

面对日益复杂的作战环境以及作战需求，特战武器装备也不断改进升级，已经发展为具有可靠性高、火力强大、功能全面、隐蔽性高等特点的装备系统。特战武器装备不仅能够提供给特战队员强大的火力和功能，还极大地提高了特战队员的作战效率以及战地生存能力，既保障了任务的成功，也减少了己方队员的伤亡。目前世界上较为优秀的特战武器装备包括：SCAR突击步枪、M4 super 90霰弹枪、RQ-4"全球鹰"无人机、AN/PVS-14夜视仪等。

本书收集了全球两百余款特战武器装备，包括突击步枪、冲锋枪、狙击步枪、霰弹枪、机枪、火箭筒、手枪、战术刀、手雷、直升机、无人机、装甲车等。每款武器都有详细的性能介绍，并有准确的参数表格。通过阅读本书，读者能够对特战武器装备有一个系统、全面的认识。

作为传播军事知识的科普读物，最重要的就是内容的准确性。本书的相关数据资料均来源于国外知名军事媒体和军工企业官方网站等权威途径，坚决杜绝抄袭拼凑和粗制滥造。在确保准确性的同时，我们还着力增加趣味性和观赏性，尽量做到将复杂的理论知识用简明的语言加以说明，并添加了大量精美的图片。因此，本书不仅是广大青少年朋友学习军事知识的不二选择，也是资深军事爱好者收藏的绝佳对象。

参加本书编写的有丁念阳、黎勇、王安红、邹鲜、李庆、王楷、黄萍、蓝兵、吴璐、阳晓瑜、余凑巧、余快、任梅、樊凡、卢强、席国忠、席学琼、程小凤、许洪斌、刘健、王勇、黎绍美、刘冬梅、彭光华、邓清梅、何大军、蒋敏、雷洪利、李明连、汪顺敏、夏方平等。在编写过程中，国内多位军事专家对全书内容进行了严格的筛选和审校，使本书更具专业性和权威性，在此一并表示感谢。

由于时间仓促，加之军事资料来源的局限性，书中难免存在疏漏之处，敬请广大读者批评指正。

编者

2016年9月

目录

第1章 特种部队及其装备杂谈 1
特种部队概述 2
特种部队的任务 3
特战武器分类 4
特战武器的要求 5

第2章 主战武器 7
美国 M16 突击步枪 8
美国 AR-15 突击步枪 10
美国 AR-18 突击步枪 11
美国 REC7 突击步枪 12
美国 M4 卡宾枪 13
美国 Mk 18 Mod 0 卡宾枪 14
美国 Mk 14 增强型战斗步枪 15
苏联/俄罗斯 AK-47 突击步枪 16
苏联/俄罗斯 AKM 突击步枪 18
苏联/俄罗斯 AK-74 突击步枪 19
俄罗斯 SR-3 突击步枪 21
俄罗斯 9A-91 突击步枪 22
俄罗斯 AN-94 突击步枪 23
俄罗斯 OTs-14 突击步枪 24
俄罗斯 ADS 两栖突击步枪 25
德国 HK G3 突击步枪 26
德国 HK G41 突击步枪 27
德国 HK G36 突击步枪 28
德国 HK416 突击步枪 30
法国 FAMAS 突击步枪 31
奥地利 AUG 突击步枪 32
瑞士 SIG SG550 突击步枪 34
比利时 FN FNC 突击步枪 35
比利时 FN F2000 突击步枪 36
比利时 FN SCAR 突击步枪 37
意大利 AR70/90 突击步枪 39
捷克斯洛伐克/捷克 Vz58 突击步枪 40
捷克 CZ805 Bren 突击步枪 41
以色列加利尔突击步枪 42
阿根廷 FARA-83 突击步枪 43
南非 CR-21 突击步枪 44
美国麦克米兰 TAC-50 狙击步枪 45
美国 M25 轻型狙击步枪 46
美国巴雷特 M82 狙击步枪 47
美国奈特 SR-25 狙击步枪 49
美国巴雷特 M95 狙击步枪 50
美国巴雷特 M99 狙击步枪 51
美国阿玛莱特 AR-50 狙击步枪 52
俄罗斯 OSV-96 狙击步枪 53
俄罗斯 SV-98 狙击步枪 54
俄罗斯 VKS 狙击步枪 55
俄罗斯奥尔西 T-5000 狙击步枪 56
英国 AW 狙击步枪 57
德国 PSG-1 狙击步枪 58
德国 R93 战术型狙击步枪 59
瑞士 SSG 3000 狙击步枪 60
芬兰 TRG 狙击步枪 61
韩国 K14 狙击步枪 62
美国 M249 轻机枪 63
美国 M60 通用机枪 65
苏联/俄罗斯 RPK 轻机枪 67
比利时 FN Minimi 轻机枪 69
比利时/美国 Mk 48 轻机枪 71
新加坡 Ultimax 100 轻机枪 72
美国 M72 火箭筒 73

目录

美国 FIM-92 便携式防空导弹 75	瑞士 P228 手枪 108
美国 FGM-148 "标枪" 反坦克导弹 77	瑞士 SIG Sauer P229 手枪 109
苏联/俄罗斯	瑞士 SIG Sauer SP2022 手枪 110
RPO-A "大黄蜂" 火箭筒 79	意大利 90TWO 手枪 111
俄罗斯/约旦 RPG-32 火箭筒 80	俄罗斯 MP-443 手枪 112
俄罗斯 9M131 "混血儿"-M	俄罗斯 GSh-18 手枪 113
反坦克导弹 81	苏联/俄罗斯 SPP-1 手枪 114
苏联/俄罗斯 RPG-7 反坦克火箭筒 82	苏联/俄罗斯 PSS 微声手枪 115
苏联/俄罗斯 SPG-9 无后坐力炮 84	奥地利格洛克 17 手枪 116
苏联/俄罗斯 9M14 "婴儿"	奥地利格洛克 34 手枪 117
反坦克导弹 85	捷克斯洛伐克/捷克 CZ-75 手枪 119
德国 "十字弓" 反坦克火箭筒 86	俄罗斯 PP-91 冲锋枪 120
德国 "铁拳" 3 火箭筒 87	德国 MP5 冲锋枪 121
瑞典 AT-4 火箭筒 88	德国 HK MP7 冲锋枪 122
瑞典卡尔·古斯塔夫无后坐力炮 89	德国 HK UMP 冲锋枪 123
瑞典 MBT LAW 反坦克导弹 90	比利时 P90 冲锋枪 124
新加坡/以色列	以色列乌兹冲锋枪 125
MATADOR "斗牛士" 火箭筒 91	美国 M870 霰弹枪 126
英国 "星光" 防空导弹 92	意大利 M4 Super 90 霰弹枪 127
法国 "米兰" 反坦克导弹 93	俄罗斯 Saiga-12 霰弹枪 129
第3章 辅助武器 95	美国 M203 榴弹发射器 130
美国 M1911 手枪 96	美国 M320 榴弹发射器 132
美国 M9 手枪 97	美国 Mk 19 榴弹发射器 134
美国 MEU（SOC）手枪 98	美国 Mk 47 榴弹发射器 136
美国 LCP 手枪 99	俄罗斯 RG-6 榴弹发射器 138
德国 P99 手枪 100	苏联/俄罗斯 GP-25 榴弹发射器 140
德国 USP 手枪 101	苏联/俄罗斯 AGS-17 榴弹发射器 141
德国 HK45 手枪 103	苏联/俄罗斯 AGS-30 榴弹发射器 142
德国 Mk 23 Mod 0 手枪 104	俄罗斯 GM-94 榴弹发射器 143
德国 HK P11 水下手枪 105	德国 HK AG36 榴弹发射器 145
瑞士 P226 手枪 106	德国 HK GMG 榴弹发射器 146

目录

瑞士 GL-06 榴弹发射器 147	苏联/俄罗斯 An-12 "幼狐" 运输机 186
比利时 FN EGLM 榴弹发射器 148	苏联/俄罗斯 An-124 "秃鹰" 运输机 187
南非连发式榴弹发射器 149	苏联/乌克兰
美国蝴蝶 375BK 警务战术直刀 151	An-225 "哥萨克" 运输机 188
美国蝴蝶 67 甩刀 152	苏联/俄罗斯米-8 "河马" 运输直升机 189
美国夜魔 DOH111 隐藏型战术直刀 153	苏联/俄罗斯
美国爱默森 Super Karambit SF 爪刀 154	米-24 "雌鹿" 武装直升机 190
美国挺进者 BNSS 战术刀 155	苏联/俄罗斯
美国 M9 多功能刺刀 156	米-26 "光环" 通用直升机 191
美国 M67 手榴弹 157	俄罗斯米-28 "浩劫" 直升机 192
美国 M84 闪光弹 158	俄罗斯米-35 "雌鹿" E 武装直升机 193
美国 M18 烟幕弹 160	苏联/俄罗斯
美国 M18A1 阔刀地雷 162	卡-25 "激素" 反潜直升机 194
美国 M224 迫击炮 164	苏联/俄罗斯
瑞典 RBS 70 便携式防空导弹 166	卡-27 "蜗牛" 反潜直升机 195
第 4 章 载具 167	苏联/俄罗斯
美国 AH-1 "眼镜蛇" 武装直升机 168	卡-29 "蜗牛" B 通用直升机 196
美国 AH-6 "小鸟" 武装直升机 169	俄罗斯卡-50 "黑鲨" 武装直升机 197
美国 UH-1 "伊洛魁" 通用直升机 170	俄罗斯卡-52 "短吻鳄" 武装直升机 198
美国 UH-72 "勒科塔" 通用直升机 171	俄罗斯卡-60 "逆戟鲸" 通用直升机 199
美国 CH-46 "海骑士" 运输直升机 172	英国 "灰背隼" 通用直升机 200
美国 OH-58 "奇欧瓦" 侦察直升机 173	英国 "山猫" 通用直升机 202
美国 SH-2 "海妖" 舰载直升机 174	英国 "野猫" 通用直升机 204
美国 SH-3 "海王" 舰载直升机 175	法国 "云雀" III 通用直升机 205
美国 V-22 "鱼鹰" 倾转旋翼机 176	法国 "超黄蜂" 通用直升机 206
美国 CH-47 "支奴干" 直升机 178	法国 "美洲豹" 通用直升机 207
美国 UH-60 "黑鹰" 直升机 180	法国 "小羚羊" 通用直升机 208
美国 AH-64 "阿帕奇" 直升机 182	法国 "海豚" 通用直升机 209
美国 CH-53 "海上种马" 运输直升机 184	法国 "美洲狮" 通用直升机 210
苏联/俄罗斯	法国 "黑豹" 通用直升机 211
伊尔-76 "耿直" 运输机 185	法国 "小狐" 轻型直升机 213

目录

德国 BO 105 通用直升机 214	美国 RQ-11 "大乌鸦" 无人机 247
德国 NH90 通用直升机 215	美国 RQ-14 "龙眼" 无人机 248
德/法 "虎" 式武装直升机 217	美国 RQ-170 "哨兵" 无人机 249
南非 CSH-2 "石茶隼" 武装直升机 218	美国 MQ-1 "捕食者" 无人机 250
意大利 "猫鼬" 武装直升机 219	美国 RQ-4 "全球鹰" 无人机 251
日本 "忍者" 武装侦察直升机 220	美国 MQ-5 "猎人" 无人机 252
韩国 "雄鹰" 通用直升机 222	美国 MQ-8 "火力侦察兵" 无人机 253
印度 "楼陀罗" 武装直升机 223	美国 MQ-9 "死神" 无人机 254
印度 LCH 武装直升机 224	美国 "复仇者" 无人机 255
美国 AAV-7A1 两栖装甲车 225	英国 "不死鸟" 无人机 256
美国 "斯特赖克" 装甲车 226	英国 "守望者" 无人机 257
美国 M1117 装甲车 227	法国 "雀鹰" 无人机 258
美国 AIFV 步兵战车 228	德国 "月神" 无人机 259
美国 V-100 装甲车 229	德国 "阿拉丁" 无人机 260
美国 HMMWV 装甲车 230	德国 CL-289 无人机 261
美国 "水牛" 地雷防护车 231	以色列 "侦察兵" 无人机 262
苏联/俄罗斯 BTR-80 装甲车 232	以色列 "哈比" 无人机 263
法国 VBCI 步兵战车 233	以色列 "苍鹭" 无人机 264
法国 VBL 装甲车 234	南非 "秃鹰" 无人机 265
加拿大 LAV-3 装甲车 235	**第6章 防具及其他装备** 267
意大利菲亚特 6614 装甲车 236	美国 MICH 头盔 268
意大利 VBTP-MR 装甲车 237	美国 FAST 头盔 270
意大利 "达多" 步兵战车 238	俄罗斯 6B47 头盔 271
南非 "卡斯皮" 地雷防护车 239	美国 MBAV 防弹背心 272
土耳其 "眼镜蛇" 装甲车 240	美国 SPCS 防弹背心 273
南非 RG-31 "林羚" 装甲运输车 241	俄罗斯 6B45 防弹背心 274
南非 RG-32M 装甲人员运输车 242	美国 AN/PVS-14 夜视仪 275
南非 "大山猫" 装甲车 243	美国 AN/PVS-31 夜视仪 277
英国 "萨克逊" 装甲人员运输车 244	俄罗斯 PN14K 夜视仪 278
第5章 无人机 245	美国 AN/PRC-163 手持电台 279
美国 RQ-7 "影子" 无人机 246	**参考文献** 280

第1章

特种部队及其装备杂谈

特种部队,是指国家或武装集团为实现特定的政治、经济或军事目的,专门组建的用于执行某种特殊任务的部队,具有编制灵活、人员精干、装备精良、机动快速、战斗力强等特点。现代特种部队在反恐维稳等方面发挥着极其重要的作用,而他们执行任务时,离不开先进可靠的武器装备的帮助。

★★★ 特种部队概述

特种部队最早出现于第二次世界大战（以下简称二战）期间。1939年9月1日，德国首次在波兰战役中使用了一支被称为"勃兰登堡"部队作为突袭波兰的先锋。这支部队身穿敌军制服，深入敌军后方进行渗透破坏活动，并取得了十分显著的战绩。这便是现代特种部队的雏形。北非战役期间，英国组建了SAS（特别空勤团）专门进行敌后破坏活动，特种部队便由此正式诞生。

▲ 通过直升机完成机动的SAS队员

经过几十年的发展，以及各国形势的需要，如今世界上许多国家都设有特种部队，并都已具备到较高的水准。其中最为人所熟知的特种部队包括美国陆军"三角洲"特种部队、英国陆军特别空勤团、以色列海军第十三突击队、德国联邦警察第九国境守备队、俄罗斯"阿尔法"小组等。这些部队的队员都具备过人的战斗技巧和身体素质，并能在复杂多样的战斗环境中发挥较高的战斗力。

▼ "阿尔法"小组成员

★★★ 特种部队的任务

特种部队通常需要能够完成多种任务,概括下来主要需要执行以下五大类的任务。

斩首行动

斩首行动指于战前或战争过程中,派遣特战队员深入敌后,攻击敌方关键人物或指挥中枢,使敌人处于群龙无首,无法沟通的状态。

骚扰行动

骚扰行动指阻碍敌人的行动能力,包括敌方设备和系统,攻击敌方重要基础设施或伏击敌军等。或采用心理战,对敌方阵营造成恐惧与混乱。

护卫行动

护卫行动指保护己方重要人物或设备,也包括在进攻之后帮助队友护卫空军和海军以等待支援部队的到来。

反恐行动

反恐行动指快速处理国内发生的恐怖袭击和压制社会动乱等,有效维持地区稳定。

救援行动

救援行动包括解救被劫持的人质以及搜救跳伞的飞行员等。

▲ 进行水下训练的蛙人

▲ 战地救援训练

▲ 反恐训练

★★★ 特战武器分类

✠ 主战武器

特种部队的主战武器包括突击步枪、冲锋枪、机枪以及狙击步枪等，这些枪械能适应多种作战环境，满足不同任务需求。突击步枪、冲锋枪和机枪具有火力强大、射速快等特点，狙击步枪具有高精度的特性，这几种主战武器相互配合，使特种部队在执行任务时能够"快、准、狠"地对目标进行攻击。

▲ HK 416突击步枪

✠ 自卫支援武器

特战队员在执行任务时会遇上很多突发情况，比如主战武器出现机械故障或没有子弹时，就需要使用携带的自卫支援武器以备不时之需。自卫支援武器主要包括手枪和军刀等，这些武器具有便于隐藏、小巧便携、可靠耐用等特点。

▲ 格洛克19手枪

✠ 特种交通工具

特种部队往往需要深入敌后进行刺杀或破坏，这就需要通过运输机或装甲车辆等交通工具进行快速机动。这些特种交通工具能够适应多种作战环境，能显著提高特战队员的机动能力和战地生存能力。

▲ AAV-7A1装甲车

✠ 通信和监视装备

特种部队在执行作战任务前，往往需要提前了解任务区域的情况，这时就需要无人机等监测设备提前侦察目标区域的信息，以减少执行任务时己方人员的伤亡。特战队员在深入敌后作战时，需要通过无线电通信与队友和后方部队联系，这样才能随时了解战场情况，以便随时调整作战方案。

▲ 性能优秀的数据通信设备

✠ 个人防具

特种部队的每一个人都能称之为"尖刀"，具有极高的战斗素质。他们在执行作战任务时，不仅需要装备优良的武器装备，还需要穿戴个人防具以提高战地生存能力。

▲ 全副武装的士兵

★★☆ 特战武器的要求

由于特种部队任务的特殊性，因此他们的武器必须要具有比常规部队的武器更可靠的性能、更强大的火力、更全面的功能。特种部队的武器大致有四个要求：功能全面、火力强大、高度可靠、隐蔽性强。

功能全面

特种部队在执行作战任务时，会遭遇多样的地形条件、多变的天气以及目标对象，功能单一的武器装备不仅满足不了任务需求，还可能会因为任务失败而造成己方损失。多功能的武器装备能满足特种部队多样的任务需求，大大提高特种部队的作战效率，还提高了特战队员的存活率。

▲ FN Minimi轻机枪

火力强大

特种部队使用的武器，必须要有强大的火力才能以最快速度压制敌人。火力强大的武器是特战队员杀敌的利器，也是任务成功的保障。

▲ AT-4火箭筒发射瞬间

高度可靠

特种部队需要执行的任务决定了其使用的武器必须具有极高的可靠性，这样才能保障特战队员发挥出真实实力，同时也决定着任务的成功与否。

▲ 穿行于丛林中的特战队员

隐蔽性强

特战队员执行任务时，往往需要出奇制胜。他们使用的装备需要有极好的隐蔽性，这样才能避免提前暴露而导致任务失败。

▲ 水下潜伏靠近目标的特战队员

第 2 章

主战武器

特种部队不仅具备优秀的战斗技巧，还需要辅以火力强大、性能可靠的武器。因其特殊的任务要求，特种部队使用的武器不仅要有较高的精度和强大的火力，还需要具备使用方便、便于隐藏、可靠性高等特点。

美国 M16 突击步枪

M16 是由阿玛莱特AR-15发展而来的突击步枪，现由柯尔特公司生产。它是世界上最优秀的步枪之一，也是同口径中生产数量最多的枪械，自20世纪60年代以来一直是美国陆军的主要步兵武器。

M16能够使用半自动射击模式和三发点射模式，点射模式在火力、精确度和弹药容量之间进行折中。点射也必不可少的会压制火力，两栖作战或狭小区域作战时，会限制M16的有效性。M16采用了加厚的枪管，厚枪管对于因操作不当引起的损害更加耐久，而且也减缓了连续射击时产生的热量对枪管的损害，有利于持续射击。

当前，M16步枪在全世界80多个国家使用。美国和加拿大（迪玛科C7）总共生产了800万支M16步枪，其中大概有90%还在使用。

英文名称：	M16 Assault Rifle
研制国家：	美国
制造厂商：	柯尔特公司
重要型号：	M16A1、M16A2、M16A3、M16A4
生产数量：	超过800万支
服役时间：	1960年至今
主要用户：	美国、加拿大等70多个国家

Special Warfare
Equipment
★ ★ ☆

基本参数	
口径	5.56毫米
全长	986毫米
枪管长	508毫米
空枪重量	3.1千克
弹容量	20/30发
枪口初速	975米/秒
射速	700~950发/分
有效射程	600米

▲ 下挂M203榴弹发射器的M16A2突击步枪

▼ M16突击步枪射击时弹壳抛出瞬间

美国 AR-15 突击步枪

AR-15是以弹匣供弹、具备半自动或全自动射击模式的突击步枪。

AR-15突击步枪的合成枪托和握把不容易变形和破裂；模块化的设计使得多种配件的使用成为可能，并且带来维护方便的优势；准星可以调整仰角；表尺可以调整风力修正量和射程；一系列的光学器件可以用来配合或者取代机械瞄具。

另外，半自动型号的AR-15和全自动型号的AR-15在外形上完全相同，只是全自动改型具有一个选择射击的旋转开关，可以让使用人员在三种设计模式中选择：安全、半自动，以及依型号而定的全自动或三发点射。

英文名称：	AR-15 Assault Rifle
研制国家：	美国
制造厂商：	柯尔特公司
服役时间：	1958年至今
主要用户：	美国、英国等

基本参数

口径	5.56毫米
全长	991毫米
枪管长	508毫米
空枪重量	2.97千克
弹容量	10发、20发、30发
枪口初速	975米/秒
射速	800发/分
有效射程	550米

美国 AR-18 突击步枪

AR-18是阿玛莱特公司于1963年由AR-15步枪改进而成的一款突击步枪，虽然未能成为任何一个国家的制式步枪，但其设计却对后来的许多步枪产生了影响。

AR-18突击步枪的结构与AR-15/M16系列步枪不同，反而与M14自动步枪有些类似，只是拉柄与活塞连杆不是一个总成。这个短行程活塞传动结构后来被许多新型步枪沿用，其优点就是可以延迟或者部分规避不良弹药在射击燃烧时所形成的严重积碳。

AR-18枪身铭文"AR 18 ARMALITE"标于手枪握把上，"ARMALITEAR-18 PATENTS PENDING"标于弹匣槽左侧，序列号标于机匣后方顶部、机匣左侧或弹匣槽上。手动保险/快慢机位于枪身左侧、手枪握把上方：向后为保险，垂直位置为单发射击，向前为连发射击。弹匣扣位于机匣右侧。

英文名称：	AR-18 Assault Rifle
研制国家：	美国
制造厂商：	阿玛莱特公司
服役时间：	1963~1980年
主要用户：	美国、英国等

基本参数	
口径	5.56毫米
全长	965毫米
枪管长	457毫米
空枪重量	3千克
弹容量	20发、30发、40发
枪口初速	991米/秒
射速	700~800发/分
有效射程	400米

美国 REC7 突击步枪

REC7（也被称为M468）是在M16突击步枪和M4卡宾枪的基础上改进而成的突击步枪，由巴雷特公司生产。

REC7突击步枪采用了新的6.8毫米雷明顿SPC（6.8×43毫米）弹药，其长度与美军正在使用的5.56毫米弹药相近，因此可以直接套用美军现有的STANAG弹匣。6.8毫米SPC弹在口径上较5.56毫米弹药要大不少，装药量也更多，其停止作用和有效射程比后者要强50%以上，虽然枪口初速比5.56毫米弹药稍低，但其枪口动能为5.56毫米弹药的1.5倍。REC7突击步枪采用ARMS公司生产的SIR护木，能够安装两脚架、夜视仪和光学瞄准镜等配件。SIR护木还包括一个折叠式的机械瞄具。

英文名称：	REC7 Assault Rifle
研制国家：	美国
制造厂商：	巴雷特公司
服役时间：	2004年至今
主要用户：	美国、波兰等

基本参数	
口径	6.8毫米
全长	845毫米
枪管长	410毫米
空枪重量	3.46千克
弹容量	30发
枪口初速	750米/秒
射速	750发/分
有效射程	600米

美国 M4 卡宾枪

M4卡宾枪是M16突击步枪的缩短版,自1994年开始生产。它具有紧凑的外形和强大的火力,非常适合近距离作战。

M4卡宾枪采用导气、气冷、转动式枪机设计,具备弹匣供弹及可选射击模式。其与M16突击步枪有80%的部件可以通用,但M4卡宾枪比M16突击步枪更短、更轻,在近战中能够更快速地瞄准目标。然而,M4卡宾枪的短枪管导致枪口初速和有效射程有所降低,缩短的导气系统使得射击声音增大,枪管过热速度也更快。M4卡宾枪沿用了M16突击步枪的导气系统,开火时依靠气体推动整个系统。一些武器专家指出,这种设计直接将气体导入开火装置,容易携带碳渣,从而产生污垢和热量,导致润滑剂干燥,可能会在沙漠等恶劣环境下出现可靠性问题。

英文名称	M4 Carbine
研制国家	美国
制造厂商	柯尔特公司
重要型号	M4、M4A1
服役时间	1994年至今
主要用户	美国、澳大利亚、以色列、巴西、捷克等

Special Warfare
Equipment
★ ★ ☆

基本参数	
口径	5.56毫米
全长	840毫米
枪管长	370毫米
空枪重量	2.88千克
弹容量	30发
枪口初速	910米/秒
射速	700~970发/分
有效射程	600米

美国 Mk 18 Mod 0 卡宾枪

Mk 18 Mod 0 卡宾枪是柯尔特公司在M4卡宾枪基础上改进而来的产品。最初，该枪仅配发给美国海军特种部队，但凭借其出色的性能，很快被其他军种以及部分执法机构的特种部队广泛采用。

Mk 18 Mod 0卡宾枪采用标准的M4A1下机匣，内部对导气孔进行了增大处理，孔径达到0.18英寸（约4.57毫米），并改装了缓冲器，同时采用了扩大的拉机柄锁。早期型号的Mk 18 Mod 0卡宾枪将可拆提把切断，仅保留后准星部分，而如今大多数已改为装配可拆卸的后备照门。该枪配备缠距为178毫米的260毫米枪管，护木内枪管直径为16毫米。标准护木为KAC RIS导轨护木，能够安装任何符合MIL-STD-1913导轨标准的配件。Mk 18 Mod 0卡宾枪主要发射5.56×45毫米的M855普通弹和M856曳光弹，由于枪管缩短，导致初速相对降低。

英文名称：Mk 18 Mod 0 Carbine
研制国家：美国
制造厂商：柯尔特公司
重要型号：Mk 18 Mod 0/1
服役时间：2000年至今
主要用户：美国

基本参数

口径	5.56毫米
全长	762毫米
枪管长	262毫米
空枪重量	2.72千克
弹容量	20发、30发
枪口初速	788米/秒
射速	700～950发/分
有效射程	300米

美国 Mk 14 增强型战斗步枪

Mk 14增强型战斗步枪（简称Mk 14 EBR）是M14自动步枪的衍生型，主要供美国海军特种作战司令部辖下的单位使用。2004年，美国海军"海豹"突击队率先装备了Mk 14 EBR，成为美军中首个使用该步枪的部队，美国海岸警卫队也紧随其后开始装备。在战斗用途上，Mk 14 EBR兼具精确射手步枪和近距离作战步枪的双重角色。

Mk 14 EBR的设计亮点主要体现在三个方面：一是枪管长度缩短至457毫米，二是配备可折叠式枪托，三是设有可安装多种附件的导轨。使用者普遍认为Mk 14 EBR相较于M14自动步枪更为易用，这得益于其更佳的人机工程学设计，有效降低了后坐力，并且能够根据使用者的具体需求灵活安装各类光学瞄准镜、夜视镜以及各种战术配件。

英文名称:	Mk 14 Enhanced Battle Rifle
研制国家:	美国
制造厂商:	海军特种作战司令部地面武器中心
重要型号:	Mk 14 Mod 0/1/2
服役时间:	2004年至今
主要用户:	美国、澳大利亚、菲律宾、波兰等

Special Warfare Equipment ★★

基本参数	
口径	7.62毫米
全长	889毫米
枪管长	457毫米
空枪重量	5.1千克
弹容量	10发、20发
枪口初速	853米/秒
射速	700~750发/分
有效射程	700米

苏联/俄罗斯 AK-47 突击步枪

AK-47是由苏联著名枪械设计师米哈伊尔·季莫费耶维奇·卡拉什尼科夫设计的突击步枪,20世纪50～80年代一直是苏联军队的制式装备。该枪是世界上最著名的步枪之一,制造数量和使用范围极为惊人。

与二战时期的步枪相比,AK-47突击步枪的枪身短小、有效射程较短(约300米)、火力强大,坚实耐用、故障率低,适合较近距离的突击作战的战斗。它的枪机动作可靠,即使在连续射击时或有灰尘等异物进入枪内时,它的机械结构仍能保证它继续工作。在沙漠、热带雨林、严寒等极度恶劣的环境下,AK-47突击步枪仍能保持相当好的效能。此外,该枪结构简单,易于分解、清洁和维修。

英文名称:	AK-47 Assault Rifle
研制国家:	苏联
制造厂商:	KBP仪器设计局等
生产数量:	超过1亿支
服役时间:	1951年至今
主要用户:	苏联、俄罗斯等150多个国家

Special Warfare Equipment

★★☆

基本参数	
口径	7.62毫米
全长	870毫米
枪管长	415毫米
空枪重量	4.3千克
弹容量	30发
枪口初速	710米/秒
射速	600发/分
有效射程	300米

▲ AK-47突击步枪与其设计者卡拉什尼科夫

▼ 下挂榴弹发射器的AK-47突击步枪

苏联／俄罗斯 AKM 突击步枪

AKM是由卡拉什尼科夫在AK-47基础上改进而来的突击步枪。AKM突击步枪的突出特点是用冲铆机匣代替AK-47的铣削机匣，不仅大大降低了生产成本，而且减轻了重量。由于采用了许多新技术，改善了不少AK系列的固有缺陷，因此AKM比AK-47更实用，更符合现代突击步枪的要求。

AKM突击步枪的改进主要包括：弹匣改用轻合金制造，并能与原来的钢制弹匣通用，后期还研制了一种玻璃纤维塑料压模成型的弹匣，也可以完全通用；枪托、护木和握把皆采用树脂合成材料制造，使全枪的重量减轻；枪机和枪机框表面经磷化处理，活塞筒前端有4个半圆形缺口，恰好与导气箍类似的缺口配合；护木上新增手指槽，便于射手在全自动射击时控制武器。

英文名称：	AKM Assault Rifle
研制国家：	苏联
制造厂商：	KBP仪器设计局、伊热夫斯克兵工厂
重要型号：	AKMS、AKMSU、AKMN
生产数量：	1027.8万支
服役时间：	1959年至今
主要用户：	
苏联、俄罗斯等100多个国家和地区	

Special Warfare Equipment ★★☆

基本参数	
口径	7.62毫米
全长	876毫米
枪管长	369毫米
空枪重量	3.15千克
弹容量	30发
枪口初速	715米/秒
射速	600发/分
有效射程	400米

苏联/俄罗斯 AK-74 突击步枪

AK-74 是卡拉什尼科夫于20世纪70年代在AKM基础上改进而来的突击步枪,它是苏联装备的第一种小口径突击步枪,直至现在仍然是许多原苏联成员国的制式步枪。

与AK-47突击步枪和AKM突击步枪相比,AK-74突击步枪的口径缩小,射速提高,后坐力更小。由于使用小口径弹药并加装了枪口装置,AK-74突击步枪的连发散布精度大大提高,不过单发精度仍然较低,而且枪口装置导致枪口焰比较明显。

AK-74的枪托为木制固定枪托,底板上有黑色橡胶垫,使抵肩射击时更稳定,而且有缓冲作用的效果,木托两侧加工有长约100毫米、宽19毫米的槽,以作为识别标志。AKS-74的枪托是骨架形折叠枪托,由钢板冲压点焊而成,向左折叠。

英文名称:	AK-74 Assault Rifle
研制国家:	苏联
制造厂商:	伊热夫斯克兵工厂
重要型号:	AKS-74、AK-74M、AKS-74U、RPK-74
服役时间:	1974年至今
主要用户:	苏联、俄罗斯、巴基斯坦等

基本参数

口径	5.45毫米
全长	943毫米
枪管长	415毫米
空枪重量	3.3千克
弹容量	20发、30发、45发
枪口初速	900米/秒
射速	650发/分
有效射程	500米

▲ AK-74M突击步枪

▼ AKS-74突击步枪

俄罗斯 SR-3 突击步枪

SR-3是由AS "Val"微声突击步枪改进而来，因此自动原理和击发结构都一样。该枪采用导气式自动原理，位于枪管上方的长行程导气活塞与枪机框刚性连接，回转式枪机有6个闭锁凸耳。其机匣用锻压钢加工以提高强度和耐用性。

SR-3和SR-3M均采用上翻式调节的机械瞄准具，射程分别设定为攻击100米和200米以内的目标，准星和照门都装有护翼以防损坏。但由于该枪的瞄准基线过短，且亚音速子弹的飞行轨弯曲度太大，所以实际用途与冲锋枪相近，其实际有效射程仅为100米。不过，这种9×39毫米亚音速步枪弹的贯穿力还是比冲锋枪和短枪管卡宾枪强上许多，能在200米距离上贯穿8毫米厚的钢板。

英文名称：	SR-3 Assault Rifle
研制国家：	俄罗斯
制造厂商：	俄罗斯中央精密机械制造局
重要型号：	SR-3M
服役时间：	1996年至今
主要用户：	俄罗斯、吉尔吉斯斯坦

Special Warfare Equipment ★★

基本参数	
口径	9毫米
全长	640毫米
枪管长	156毫米
空枪重量	2千克
弹容量	10发、20发、30发
枪口初速	295米/秒
射速	900发/分
有效射程	200米

俄罗斯 9A-91 突击步枪

9A-91 是俄罗斯于20世纪90年代研制及生产的突击步枪，目前被俄罗斯军警部门以及其他国家使用。

9A-91突击步枪的功能和用途相比于SR-3突击步枪更具优势，9A-91比SR-3更加便宜，人机功效更好。9A-91突击步枪虽然有效射程可达200米，但由于瞄准基线过短、亚音速子弹本身的飞行轨也太过弯曲，所以其实际有效射程只有约100米。不过它发射的9×39毫米亚音速步枪子弹仍然比使用手枪子弹的冲锋枪以及短枪管的卡宾枪有着更大的威力，能够贯穿具有三级个人防护能力的头盔和防弹背心。

9A-91突击步枪的机匣采用低成本的金属钢板冲压成型方式生产，主要目的是为了减少生产成本，缩短生产所需时间，而且更容易进行维修。钢板冲压制折叠式枪托在不使用时可向机匣上方折叠。

英文名称：	9A-91 Assault Rifle
研制国家：	俄罗斯
制造厂商：	KBP仪器设计局
重要型号：	A-91、VSK-94
服役时间：	1994年至今
主要用户：	俄罗斯、白俄罗斯等

Special Warfare Equipment
★★★

基本参数	
口径	9毫米
全长	605毫米
枪管长	154毫米
空枪重量	1.8千克
弹容量	20发
枪口初速	270米/秒
射速	700~900发/分
有效射程	200米

俄罗斯 AN-94 突击步枪

AN-94 是俄罗斯现役现代化小口径突击步枪，于1997年正式服役。AN-94突击步枪的射击精度很高，在100米的距离上站姿射击，头两发弹着点距离还不到2厘米，比SVD狙击步枪的射击效果都要好。不过这种高精度并非适用于所有的士兵，对于俄罗斯军队的普通士兵来说，两发点射并没有多大帮助，因为现代突击步枪多用于火力压制，AN-94与AK-47所发挥的作用并没有太大区别。

AN-94突击步枪的机械瞄具采用柱状准星和旋转式的觇孔照门。"Asterix"型照门安装在枪托后上端，不同高度的孔呈星形分布，孔里可装发光源，有助于射手在黎明薄暮或光线不好的时候瞄准目标。装定射程时，要在机匣顶端旋转星号和设定被需要的孔。通用的AK式瞄准镜导轨安装在机匣左侧。准星有护圈保护，准星旁也有发光源，准星本身可以调整风偏和高低。

英文名称:	AN-94 Assault Rifle
研制国家:	俄罗斯
制造厂商:	伊热夫斯克兵工厂
服役时间:	1997年至今
主要用户:	俄罗斯、吉尔吉斯斯坦

Special Warfare Equipment
★ ★ ☆

基本参数	
口径	5.45毫米
全长	943毫米
枪管长	405毫米
空枪重量	3.85千克
弹容量	30发、45发、60发
枪口初速	900米/秒
射速	600发/分
有效射程	400米

俄罗斯 OTs-14 突击步枪

OTs-14突击步枪是一种无托结构的突击步枪，使用9×39毫米亚音速弹药。该枪于1994年初投入批量生产，并于同年4月在莫斯科武器展销会上首次公开亮相。凭借其出色的设计和性能，OTs-14突击步枪迅速获得了俄罗斯内务部以及国防部特种部队的认可，并被更多部队选用。

OTs-14突击步枪是在AKS-74U卡宾枪的基础上改进而来的，保留了其导气式活塞系统和转栓式枪机闭锁机制，同时继承了气冷枪管和弹匣供弹等设计特点。OTs-14与AKS-74U卡宾枪之间约有75%的零部件可以通用。其主要部件在AKS-74U的基础上进行了优化和简化，以降低生产成本。得益于模块化设计理念，OTs-14突击步枪能够通过更换零部件快速转换为不同型号，从而更好地适应多样化的任务需求。

英文名称：	OTs-14 Assault Rifle
研制国家：	俄罗斯
制造厂商：	图拉兵工厂
重要型号：	OTs-14-4A/4A-01/4A-02/4A-03
服役时间：	1994年至今
主要用户：	俄罗斯、格鲁吉亚

Special Warfare
Equipment
★ ★ ☆

基本参数	
口径	9毫米
全长	610毫米
枪管长	240毫米
空枪重量	3.6千克
弹容量	20发
枪口初速	300米/秒
射速	700~750发/分
有效射程	300米

俄罗斯 ADS 两栖突击步枪

ADS两栖突击步枪是俄罗斯研制的水陆两用无托结构突击步枪,专为特种作战需求设计,旨在取代俄罗斯海军特种部队装备的APS水下突击步枪和AK-74M突击步枪。该枪的设计初衷是为俄罗斯海军特种部队的蛙人部队提供一种高效、水陆两栖的武器系统。

ADS两栖突击步枪采用导气式工作原理和枪机回转式闭锁机制,并设计有向右前方抛壳的机制。其无托结构设计有助于缩短整枪尺寸,减少水中阻力,从而提升使用灵活性。在水上环境中,ADS两栖突击步枪使用5.45×39毫米步枪弹,有效射程可达500米,其精度和效能与AK-74突击步枪相当。在水下环境中,该枪使用5.45×39毫米PSP水下步枪弹。在水下5米深处,其有效射程为25米;在水下20米深处,有效射程为18米。

英文名称: ADS Amphibious Assault Rifle
研制国家: 俄罗斯
制造厂商: KBP仪器设计局
重要型号: ADS
服役时间: 2013年至今
主要用户: 俄罗斯

Special Warfare
Equipment
★ ★ ★

基本参数

口径	5.45毫米
全长	685毫米
枪管长	418毫米
空枪重量	4.6千克
弹容量	30发、45发、60发
枪口初速	900米/秒
射速	700发/分
有效射程	500米

德国 HK G3 突击步枪

▲ 被当作狙击步枪使用的G3突击步枪

G3突击步枪是德国黑克勒·科赫公司（简称HK公司）于20世纪50年代以StG45步枪为基础所改进的现代化自动步枪，是世界上制造数量最多、使用最广泛的自动步枪之一。

G3采用半自由枪机式工作原理，零部件大多是冲压件，机加工件较少。机匣为冲压件，两侧压有凹槽，起导引枪机和固定枪尾套的作用。枪管装于机匣之中，并位于机匣的管状节套的下方。管状节套点焊在机匣上，里面容纳装填杆和枪机的前伸部。装填拉柄在管状节套左侧的导槽中运动，待发时可由横槽固定。

G3突击步枪使用广泛，在葡萄牙殖民战争、罗得西亚战争、六日战争、两伊战争、萨尔瓦多内战等均有使用。

英文名称	HK Gewehr 3 Assault Rifle
研制国家	德国
制造厂商	黑克勒·科赫公司
重要型号	G3A1、G3A2、G3A3
服役时间	1959年至今
主要用户	德国等40多个国家

Special Warfare Equipment
★ ★ ☆

基本参数

口径	7.62毫米
全长	1026毫米
枪管长	450毫米
空枪重量	4.41千克
弹容量	5/10/20发
枪口初速	800米/秒
射速	600发/分
有效射程	500米

德国 HK G41 突击步枪

G41（德语：Gewehr 41，意为步枪型号41）是由HK公司于1981年研制和生产的突击步枪。该枪发射5.56×45毫米口径步枪子弹，可以同时发射M193和SS109两种弹药。

G41是以G3为基础而设计的，采用了滚转延迟反冲式操作系统。G41以击锤来辅助射击，快慢机的设定为S-E-3-F，即安全-半自动-三发点射-连续射击。用来表示发射的标志是一颗子弹图像，既能防止误射又能起到安全说明书的作用。

G41还采用了手动式复进助推器，可完全地将枪机进入闭锁状态，拉机柄会在弹匣内的最后一发子弹射出后开放枪机，弹簧定位式防尘盖会在发射时打开，以让尘土和弹壳飞出枪外。

英文名称	HK Gewehr 41 Assault Rifle
研制国家	德国
制造厂商	HK公司
重要型号	G41A1、G41A2、G41A3、G41K、G41TGS
服役时间	1987~1996年
主要用户	德国、美国

Special Warfare
Equipment
★★★

基本参数	
口径	5.56毫米
全长	997毫米
枪管长	450毫米
空枪重量	4.1千克
弹容量	20发、30发、100发
枪口初速	950米/秒
射速	850发/分
有效射程	400米

德国 HK G36 突击步枪

G36 是HK公司于1995年研制生产的现代化突击步枪。G36突击步枪大量采用高强度塑料，总体重量较轻、结构合理、操作方便，模块化的设计大大提高了其战术性能。G36突击步枪只用一个机匣，只需更换枪管和前护木就能改变为MG36轻机枪、G36C短突击步枪、G36K特种部队型等不同用途的突击步枪。

G36突击步枪为导气式回旋转枪机，整体设计采用传统布局，枪管下方有活塞筒、手枪握把、弹匣和管状可折叠枪托。瞄准具座位于机匣后方，可安装3倍光学瞄准镜，整体式提把贯穿瞄准镜座和机匣前端，拉机柄位于提把下方，必要时可帮助枪机闭锁。

英文名称	HK Gewehr 36 Assault Rifle
研制国家	德国
制造厂商	HK公司
重要型号	G36C、G36K、MG36
服役时间	1997年至今
主要用户	德国、韩国、巴西、泰国等

Special Warfare Equipment
★ ★ ★

基本参数	
口径	5.56毫米
全长	999毫米
枪管长	480毫米
空枪重量	3.63千克
弹容量	30发、100发(弹鼓)
枪口初速	920米/秒
射速	750发/分
有效射程	450米

▲ G36突击步枪结构图

▼ 装备G36突击步枪（下挂榴弹发射器）的德国士兵（中）

德国 HK416 突击步枪

　　HK416是HK公司以G36突击步枪的气动系统在M4卡宾枪的设计上重新改造而成的突击步枪。HK416的枪管由冷锻碳钢制成，拥有超过2万发的枪管使用寿命。其机匣及护木设有共5条战术导轨用以安装附件。HK416采用自由浮动式前护木，整个前护木可完全拆下。枪托底部设有减缓后坐力的缓冲塑料垫，机匣内有泵动活塞缓冲装置，能有效减少射击时产生的后坐力和尘土对枪机运动的影响，从而提高武器的整体可靠性。

　　HK416还配备有新型30发钢制弹匣，新弹匣采用优质钢材并使用先进加工工艺，弹匣表面做了哑光处理，托弹板以及进弹口的公差尺寸控制十分精确，这样大大提高了该枪的可靠性和射击精准度。

英文名称：	HK416 Assault Rifle
研制国家：	德国、美国
制造厂商：	HK公司
重要型号：	HK416C、HK416A5、HK417
服役时间：	2005年至今
主要用户：	德国、美国

Special Warfare Equipment
★★☆

基本参数

口径	5.56毫米
全长	797毫米
枪管长	264毫米
空枪重量	3.02千克
弹容量	20发、30发
枪口初速	788米/秒
射速	700~900发/分
有效射程	400米

法国 FAMAS 突击步枪

▲ 透明枪身的FAMAS突击枪

FAMAS是法国军队及警队的制式突击步枪，也是世界上著名的无托式步枪之一。FAMAS突击步枪采用犊牛式设计，弹匣置于扳机的后方，机匣以塑料覆盖，射击控制按钮在弹匣后方，有全自动、单发及安全三种模式，少数FAMAS步枪有三发点射模式。

FAMAS采用延迟后坐系统，为避免抛壳困难，该枪枪膛内开了一个槽，因此通过纵向痕迹很容易辨别该枪发射的枪弹。该枪操控性好，射击准确，还可下挂榴弹发射器，尽管所有的5.56毫米枪弹都可用于该枪，但仅当使用法国制式枪弹才能获得最佳性能。

FAMAS突击步枪不需要安装附件即可发射枪榴弹，GIAT（伊西莱姆利罗公司）还专门研究了有俘弹器的枪榴弹，因此不需要专门换空包弹就可以直接用实弹发射。不过，FAMAS突击步枪的子弹太少，火力持续性差。

英文名称：	FAMAS Assault Rifle
研制国家：	法国
制造厂商：	GIAT公司
重要型号：	FAMAS F1、FAMAS G1、FFAMAS G2
服役时间：	1975年至今
主要用户：	法国、阿根廷

Special Warfare Equipment
★★★

基本参数	
口径	5.56毫米
全长	757毫米
枪管长	488毫米
空枪重量	3.8千克
弹容量	25发
枪口初速	925米/秒
射速	1100发/分
有效射程	450米

奥地利 AUG 突击步枪

AUG是斯泰尔·曼利夏公司于1977年推出的军用突击步枪,是历史上第一款正式列装、正式采用犊牛式设计的军用步枪。AUG是德文Armee-Universal-Gewehr的缩写,意为陆军通用步枪。

犊牛式的设计使得枪身在不影响弹道表现的情况下缩短了25%,多数型号配有1.5倍光学瞄准镜。AUG使用半透明弹匣,射手可以快速地检查弹匣内子弹数量。AUG突击步枪是当时少数拥有模组化设计的步枪,其枪管可快速拆卸,并于枪族中的长管、短管、重管互换使用。在奥地利军方的对比试验中,AUG突击步枪的性能可靠,在射击精度和全自动射击时的控制方面都表现优秀。

AUG以其可靠的性能和优秀的射击精度深受多国军警用户青睐,AUG突击步枪还是英国皇家特别空勤队(SAS)唯一装备过的无托步枪。

英文名称	AUG Assault Rifle
研制国家	奥地利
制造厂商	斯泰尔·曼利夏公司
重要型号	AUG A1、AUG A2、AUG A3、AUG M203
服役时间	1979年至今
主要用户	奥地利、美国

Special Warfare Equipment
★★☆

基本参数	
口径	5.56毫米
全长	790毫米
枪管长	508毫米
空枪重量	3.8千克
弹容量	30发
枪口初速	970米/秒
射速	680~800发/分
有效射程	500米

第 2 章 主战武器

▲ 装有战术手电的AUG突击步枪

▼ 不完全拆解的AUG突击步枪

瑞士 SIG SG550 突击步枪

  SG550是瑞士SIG公司于20世纪70年代研制的突击步枪,是瑞士陆军的制式步枪,也是世界上最精确的突击步枪之一。SG550突击步枪采用导气式自动方式,子弹发射时的气体不是直接进入导气管,而是通过导气箍上的小孔,进入活塞头上面弯成90度的管道内,然后继续向前,抵靠在导气管塞子上,借助反作用力使活塞和枪机后退而开锁。

  SG550突击步枪大量采用冲压件和合成材料,大大减小了全枪质量。枪管用镍铬钢锤锻而成,枪管壁很厚,没有镀铬。消焰器长22毫米,其上可安装新型刺刀。标准型的SG550突击步枪有两脚架,以提高射击的稳定性。

英文名称:	SIG SG550 Assault Rifle
研制国家:	瑞士
制造厂商:	SIG公司
重要型号:	SG 500SP、SG550Sniper、SG551
服役时间:	1986年至今
主要用户:	瑞士、德国

Special Warfare Equipment
★★☆

基本参数	
口径	5.56毫米
全长	998毫米
枪管长	528毫米
空枪重量	4.05千克
弹容量	5发、10发、20发、30发
枪口初速	905米/秒
射速	700发/分
有效射程	400米

比利时 FN FNC 突击步枪

FNC（Fabrique Nationale Carabine）是由比利时FN公司（Fabrique Nationale de Herstal）于20世纪70年代中期生产的突击步枪，是由FN CAL突击步枪改进而来。

FNC突击步枪枪管用高级优质钢制成，内膛精锻成型，故强度、硬度、韧性较好，耐蚀抗磨。其前部有一圆形套筒，除可用于消焰外，还可发射枪榴弹。在供弹方面，FNC采用30发STANAG标准弹匣。击发系统与其他现代小口径突击步枪相似，有半自动、三点发和全自动三种发射方式。枪口部有特殊的刺刀座，以便安装美国M7式刺刀。

FNC发射5.56×45毫米北约标准步枪弹，与其他现代小口径突击步枪相似。FNC的导气系统是长行程活塞传动，转栓式枪机类似于AK-47的设计，射击精度比FN CAL较高。

英文名称：	FN FNC Assault Rifle
研制国家：	比利时
制造厂商：	FN公司
服役时间：	1976年至今
主要用户：	比利时、瑞典

基本参数

口径	5.56毫米
全长	997毫米
枪管长	450毫米
空枪重量	3.8千克
弹容量	30发
枪口初速	965米/秒
射速	700发/分
有效射程	450米

比利时 FN F2000 突击步枪

F2000是由FN公司制造的唯一一种采用犊牛式设计的突击步枪。

F2000突击步枪在成本、工艺性及人机工程等方面苦下工夫，不但很好地控制了质量，而且平衡性也很优秀，非常易于携带、握持和使用，同样也便于左撇子使用。F2000突击步枪采用无托结构，虽然有400毫米长的枪管，但全长仅688毫米。

F2000采用P90的混合式发射模式选择钮及前置式抛壳口，由一段经机匣内部、枪管上方的弹壳槽导引至枪口上抛壳口并向右自然排出，解决了左手射击时弹壳抛向射手面部及气体灼伤的问题。该枪发射5.56×45毫米北约制式弹药及对应STANAG（标准化协议）弹匣，射击时首发弹壳会留在弹壳槽内，直至射击至第三、四发后首发弹壳才会排出。

英文名称:	FN F2000 Assault Rifle
研制国家:	比利时
制造厂商:	FN公司
重要型号:	F2000 Tactical、FS2000、FS2000 Tactical
服役时间:	2001年至今
主要用户:	比利时、印度

Special Warfare
Equipment
★ ★ ☆

基本参数	
口径	5.56毫米
全长	688毫米
枪管长	400毫米
空枪重量	3.6千克
弹容量	30发
枪口初速	910米/秒
射速	850发/分
有效射程	500米

比利时 FN SCAR 突击步枪

SCAR（SOF Combat Assault Rifle，意为特种部队战斗突击步枪）是比利时FN公司为满足美国特种作战司令部的SCAR方案而制造的现代突击步枪。

SCAR有两种版本：轻型（Light，SCAR-L，Mk 16 Mod 0）和重型（Heavy，SCAR-H，Mk 17 Mod 0）。L型发射5.56×45毫米北约弹药，使用类似于M16的弹匣，只不过是钢材制造，虽然比M16 的塑料弹匣更重，但是强度更高，可靠性也更好。

H型发射威力更大的7.62×51毫米北约弹药，使用FN FAL的20发弹匣，不同枪管长度可以用于不同的模式。SCAR突击步枪特征为从头到尾不间断的战术导轨在铝制外壳的正上方排开，两个可拆式导轨在侧面，下方还可加挂任何MIL-STD-1913标准的相容配件，握把部分和M16用的握把可互换，前准星可以折下，不会挡到瞄准镜或是光学瞄准器。

英文名称：	
FN SOF Combat Assault Rifle	
研制国家：	比利时
制造厂商：	FN公司
重要型号：	SCAR-L、SCAR-H
服役时间：	2009年至今
主要用户：	比利时、美国

Special Warfare Equipment ★★☆

基本参数	
口径	7.62毫米
全长	965毫米
枪管长	400毫米
空枪重量	3.26千克
弹容量	20发
枪口初速	714米/秒
射速	550～600发/分
有效射程	600米

▲ FN SCAR突击步枪开火瞬间

▼ 手持SCAR突击步枪的士兵

意大利 AR70/90 突击步枪

AR70/90 是由意大利伯莱塔（Beretta）公司于20世纪70年代研制的突击步枪，是目前意大利武装部队的制式步枪。

AR70/90突击步枪采用导气式工作原理，回转式枪机闭锁，枪机上有两个闭锁凸笋，活塞筒在枪管上方。活塞筒与气体调节器固定在一起，气体调节器有3个位置：打开时为正常位置，再打开为恶劣条件下使用的位置，关闭时为发射枪榴弹的位置。

AR70/90突击步枪的梯形机匣用钢板冲压而成，钢制枪机导轨焊接在机匣壁上。机匣上部的提把由弹簧锁扣夹紧。卸下提把，可根据北约STANAG2324标准，在楔形机匣盖上部安装光学瞄准镜或光电瞄准具，而它的普通机械瞄准具为片状准星和觇孔式照门。

AR70/90的弹匣壁较厚以延长使用期限，并避免因碰撞而产生的损坏。弹匣释放杆位于扳机护弓前方，方便双手操作。

英文名称：	AR70/90 Assault Rifle
研制国家：	意大利
制造厂商：	伯莱塔公司
服役时间：	1990年至今
主要用户：	意大利、印度

基本参数

口径	5.56毫米
全长	998毫米
枪管长	450毫米
空枪重量	4.07千克
弹容量	30发、100发(弹鼓)
枪口初速	1950米/秒
射速	670发/分
有效射程	500米

捷克斯洛伐克／捷克 Vz.58 突击步枪

Vz.58 发射 7.62×39 毫米中间型威力枪弹，于 20 世纪 50 年代取代 Vz.52 半自动步枪成为捷克斯洛伐克人民军的制式武器。

尽管 Vz.58 与 AK-47 外形相似，实际上两种步枪是完全不同的运作方式（AK-47 及其衍生型号使用了长行程活塞结构，Vz.58 使用的是短行程活塞），而且两种武器之间没有任何可互换的零件，包括弹匣。

Vz.58 突击步枪的发射机构整体设计相对简单，而且只有很少的活动部件。该枪的导气装置位于枪管上方，导气装置由活塞、活塞簧、导气箍、枪管和上护木的有关部分组成。活塞有独立的复进簧，后坐行程约 19 毫米。气室下方有两个排气孔，活塞后坐 16 毫米后，气室内的火药燃气就会从排气孔泄出。活塞与枪管轴线间的距离较 AK-47 小，只有 19 毫米，减小了火药燃气作用于活塞的冲量距，有利于提高射击精度。

英文名称：	Vz.58 Assault Rifle
研制国家：	捷克斯洛伐克
制造厂商：	乌尔斯基·布罗德兵工厂
重要型号：	Vz.58P、Vz.58V、Vz.58 Carbine
服役时间：	1959 年至今
主要用户：	捷克斯洛伐克、捷克、印度

Special Warfare Equipment
★ ★ ☆

基本参数	
口径	5.56 毫米
全长	845 毫米
枪管长	390 毫米
空枪重量	3.8 千克
弹容量	30 发
枪口初速	705 米/秒
射速	1100 发/分
有效射程	400 米

捷克 CZ805 Bren 突击步枪

  CZ805 Bren是乌尔斯基·布罗德兵工厂研制生产的突击步枪，于2011年被捷克军队正式作为制式步枪，并逐步甚至完全取代所有Vz.58突击步枪。

  CZ805采用模块化设计，此枪有5.56×45毫米和7.62×39毫米两种口径。其上机匣由铝合金制成，当需要变换口径时，除了更换枪管外，还需要更换弹匣插座。为便于快速改变口径和枪管长度，CZ805使用快拆式枪管，每种口径都有四种枪管，分别为短突击型、标准型、精确射击型（狙击型）和轻机枪型。该枪采用短行程导气活塞式原理和滚转式枪机，其导气系统有气体调节器，在更换口径时，也需要更换枪管。

  CZ805的弹匣参考了HK G36突击步枪的设计，由半透明聚合物材料制成，弹匣上有并联卡销，其中5.56毫米口径型的CZ805的弹匣能够直接与G36突击步枪通用。CZ805的枪托能够伸缩和折叠，最初的枪托设计参考了FN SCAR突击步枪，最新的枪托外形参考了M4卡宾枪的伸缩式枪托。

英文名称：	CZ-805 Bren Assault Rifle
研制国家：	捷克
制造厂商：	乌尔斯基·布罗德兵工厂
服役时间：	2011年至今
主要用户：	捷克、埃及

Special Warfare Equipment ★★☆

基本参数	
口径	5.56毫米、7.62毫米
全长	910毫米
枪管长	360毫米
空枪重量	3.6千克
弹容量	30发
射速	760发/分
有效射程	500米

以色列加利尔突击步枪

加利尔突击步枪综合参考了多款武器的设计，其总体设计是以芬兰Rk 62为基础，搭配M16A1的枪管、斯通纳63的弹匣和FN FAL的折叠式枪托。早期的加利尔机匣是采用金属冲压方式生产，但由于5.56×45毫米弹药的膛压比想象的高，加利尔的生产方式改为较沉重的铣削，导致加利尔突击步枪比相同口径的步枪更为沉重，其所有外部金属表面都经过耐腐蚀的磷化处理，然后涂上黑色的亮漆。

加利尔突击步枪的选择性发射自动武器系统是来自AK系列的长行程活塞传动型气动式操作系统，其好处是无需调节和采用闭锁式枪机也能够发射。

英文名称：	Galil Assault Rifle
研制国家：	以色列
制造厂商：	以色列军事工业（IMI）公司
重要型号：	Galil AR、Galil ARM、Galil SAR、Galil MAR
服役时间：	1972年至今
主要用户：	以色列、美国

Special Warfare Equipment ★★☆

基本参数	
口径	7.62毫米
全长	1112毫米
枪管长	509毫米
空枪重量	7.65千克
弹容量	35发
枪口初速	950米/秒
射速	750发/分
有效射程	600米

阿根廷 FARA-83 突击步枪

FARA-83（西班牙语：Fusíl Automático República Argentina，意为：阿根廷共和国自动步枪）是一款由阿根廷于20世纪80年代研制并装备军队的突击步枪。FARA-83采用通用活塞、枪机联动杆和回转式枪机。拉机柄位于活塞筒上方，拉机柄实际上作用在导气活塞上，使得活塞和枪机联动杆成为一体。FARA-83有两种膛线，可发射M193枪弹和北约制式枪弹。FARA-83的设计参考了加利尔突击步枪，一样采用了折叠式枪托，并有一个用于弱光环境的氚光瞄准镜。

早期的FARA-83突击步枪使用伯莱塔AR70的30发弹匣，并具有一个可切换为半自动或全自动射击的扳机组。

英文名称：	FARA-83 Assault Rifle
研制国家：	阿根廷
制造厂商：	Domingo Matheu军用轻武器工厂
制造数量：	约1200支
服役时间：	1984年至今
主要用户：	阿根廷、委内瑞拉

Special Warfare Equipment
★ ★ ☆

基本参数	
口径	5.56毫米
全长	1000毫米
枪管长	452毫米
空枪重量	3.95千克
弹容量	30发
枪口初速	980米/秒
射速	750发/分
有效射程	500米

南非 CR-21 突击步枪

CR-21（Compact Rifle - 21st Century，意为：21世纪紧凑型突击步枪）是由南非维克多武器公司生产的无托结构突击步枪。CR-21的枪身由高弹性黑色聚合物压模成型，左右两侧在压模成型后，经由高频焊接为整体。CR-21突击步枪以R4系列步枪为基础并略为修改，以便将其改为无托结构设计，尽可能使用原来制造部件的概念以降低成本，并保持其可靠性和降低其重量。

CR-21突击步枪在射手握持的部分内部嵌有防止烫手的塑料板。右侧抛壳孔的上方和后方有反射板，确保射击中弹壳向枪托下方抛出不飞散。由于塑料件内部热量不易扩散，所以枪前端护木的上、下部均设有通气孔。后端有大的防滑槽，更便于射手握持枪械。

英文名称：
Compact Rifle - 21st Century

研制国家： 南非

制造厂商： 维克多武器公司

服役时间： 1997年至今

主要用户： 南非、委内瑞拉

Special Warfare Equipment ★★☆

基本参数	
口径	5.56毫米
全长	760毫米
枪管长	460毫米
空枪重量	3.72千克
弹容量	20发、35发
枪口初速	980米/秒
射速	750发/分
有效射程	600米

美国麦克米兰 TAC-50 狙击步枪

TAC-50发射比赛级弹药时的精度高达0.5角分（MOA）。TAC-50采用旋转后拉式枪机，采用5发容量的弹匣。麦克米兰玻璃纤维枪托，手枪型握把。扳机是雷明顿式扳机，扳机扣力3.5磅。外表有凹槽的比赛级的优质枪管，配合使用优质的弹药据说可达到0.5MOA的精度，这在.50 BMG口径步枪中是相当高的。

TAC-50狙击步枪用的是12.7×99毫米北约制式子弹，子弹高度和罐装可乐相同，破坏力惊人，狙击手可用来对付装甲车辆和直升机。该枪还因其有效射程远而闻名世界。2002年，加拿大军队的罗布·福尔隆（RobFurlong）下士在阿富汗某山谷上，以TAC-50在2430米距离击中一名塔利班武装分子RPK机枪手，创出当时最远狙击距离的世界纪录，至2009年11月才被英军下士克雷格·哈里森以2475米的距离打破。

英文名称：	TAC-50 Sniper Rifle
研制国家：	美国
制造厂商：	麦克米兰兄弟步枪公司
服役时间：	2000年至今
主要用户：	美国、加拿大

Special Warfare Equipment

★★☆

基本参数	
口径	12.7毫米
全长	1448毫米
枪管长	736毫米
空枪重量	11.8千克
弹容量	5发
枪口初速	850米/秒
有效射程	2000米

美国 M25 轻型狙击步枪

M25是20世纪80年代美国陆军特种部队与海军"海豹"突击队在M14的基础上改进而来的一款狙击步枪。最早的M25狙击步枪的枪托内有一块钢垫,这个钢垫是让射手在枪托上拆卸或重新安装枪管后不需要给瞄准镜重新归零。但定型的M25取消了钢垫,而采用麦克米兰公司生产的 M3A枪托。第10特种小队还为M25设计了一个消声器,使其在安装消声器后仍然维持有比较高的射击精度。

美国特种作战司令部将M25列为轻型狙击步枪,作为M24 SWS的辅助狙击步枪。因此,M25并不是用于代替美军装备的旋转后拉式枪机狙击步枪,而是作为狙击手的支援武器。

特种部队认为,用M25作狙击小组的观瞄手武器比M16/M203 的组合更佳(美国陆军和海军陆战队的狙击小组中的观瞄手通常是使用这种组合作为支援武器),因为它能够准确地射击500米外的目标,另外M25也可以作为一种城市战的狙击步枪使用。

英文名称:M25 Sniper Rifle
研制国家:美国
制造厂商:斯普林菲尔德兵工厂
服役时间:20世纪80年代至今
主要用户:美国

基本参数

口径	7.62毫米
全长	1125毫米
枪管长	639毫米
空枪重量	4.9千克
弹容量	10发、20发
枪口初速	800米/秒
有效射程	900米

美国巴雷特 M82 狙击步枪

巴雷特M82是由美国巴雷特公司研发生产的重型特殊用途狙击步枪,几乎主要西方国家的军队都有使用,包括美军特种部队。美军昵称其为"轻50"(Light Fifty),因为其使用勃朗宁M2重机枪的大口径12.7×99毫米北约制式弹药,所以威力巨大。M82可以迅速地分解成上机匣、下机匣及枪机框三部分。分解销位于机匣右侧,一个在弹匣前方,另一个在枪托底板附近。上下机匣是主要部分,为了保证其强度及耐磨性选用了高碳钢材料。下机匣连接两脚架、枪手底板及握把,其内部包括枪机部件及主要的弹簧装置。

M82狙击步枪是美军唯一的"特殊用途的狙击步枪"(SASR),可以用于反器材攻击和引爆弹药库。它具有超过1500米的有效射程,甚至有过2500米的命中纪录,超高动能搭配高能弹药,可以有效摧毁雷达站、卡车、停放状态的战斗机等战略物资,因此也称为"反器材步枪"。

英文名称:	M82 Sniper Rifle
研制国家:	美国
制造厂商:	巴雷特公司
重要型号:	M82A1、M82A2
服役时间:	1989年至今
主要用户:	美国、英国

基本参数

口径	12.7毫米
全长	1219毫米
枪管长	508毫米
空枪重量	14千克
弹容量	10发
枪口初速	853米/秒
有效射程	1850米
最大射程	6800米

▲ M82A1狙击步枪

▼ 使用M82A2狙击步枪的美军士兵

美国奈特 SR-25 狙击步枪

　　SR-25是由美国著名枪械设计师尤金·斯通纳设计、奈特公司生产的半自动狙击步枪,其名字是来源于设计师的名字Stoner、步枪Rifle的首字母,25表示AR-10和AR-15优点的结合。

　　SR-25的枪管采用浮置式安装,枪管只与上机匣连接,两脚架安在枪管套筒上,枪管套筒不接触枪管。SR-25没有机械瞄具,所有型号都有皮卡汀尼导轨用来安装各种型号的瞄准镜或者带有机械瞄具的M16A4提把(准星在导轨前面)。虽然SR-25主打民用市场,但其性能完全达到了军用狙击步枪的要求,而且SR-25的野外分解和维护比M16突击步枪更加方便,在勤务性能方面也毫不逊色。

英文名称:	SR-25 Sniper Rifle
研制国家:	美国
制造厂商:	美国奈特军械公司
服役时间:	1990年至今
主要用户:	美国、澳大利亚

基本参数

口径	7.62毫米
全长	1118毫米
枪管长	610毫米
空枪重量	4.88千克
弹容量	5发、10发、20发
枪口初速	853米/秒
有效射程	600米

美国巴雷特 M95 狙击步枪

M95是美国巴雷特公司1995年研制的重型无托结构反器材狙击步枪,用于取代巴雷特M90狙击步枪。M95狙击步枪在操作上要比M82更为简单,在美国有民用型出售,价格约为6000美元。M95狙击步枪的精度极高,在900米的距离上,3发枪弹的散布半径不超过25毫米。M95和M90一样,保留了其双膛直角箭头形制动器、可折叠式两脚架和机匣顶部的战术导轨。M95没有机械瞄具,必须利用战术导轨安装瞄准镜。

相比M90而言,M95狙击步枪更符合人体工学设计,其握把和扳机向前移了25毫米,以便缩短更换弹匣的时间。M95的枪管可快速从枪上拆卸以便缩短全枪长度以便于携带,其膛室镀有铬以防止生锈。另外,M95的扳机、击针和重量也较M90有细小的变化。

英文名称:
Barrett Model 95 Sniper Rifle
研制国家: 美国
制造厂商: 巴雷特公司
重要型号: M99
服役时间: 1995年至今
主要用户: 美国、法国

Special Warfare Equipment
★★☆

基本参数	
口径	12.7毫米
全长	1143毫米
枪管长	737毫米
空枪重量	10.7千克
弹容量	5发
枪口初速	854米/秒
有效射程	1800米

美国巴雷特 M99 狙击步枪

M99狙击步枪是美国巴雷特公司于1999年推出的新型狙击步枪，其别名"BIGSHOT"。

M99是以M95为基础而设计的一种采用犊牛式结构、旋转后拉式枪机的狙击步枪。M99的枪口装有高效能的双室枪口制退器，枪管上没有预设瞄准镜，只能在机匣顶部的战术导轨上安装瞄准镜，机匣前端的底部安装有两脚架。

M99外形美观，只要拔下3个快速分解销就能进行不完全分解，修理和保养十分方便。由于M99采用多齿刚性闭锁结构，非自动发射方式，即发射一发枪弹后，需手动推出弹壳，并手动装填第二发枪弹。M99威力巨大，可以攻击停放状态的飞机、油库、雷达等重要设施。

英文名称：	
Barrett Model 99 Sniper Rifle	
研制国家：美国	
制造厂商：巴雷特公司	
服役时间：1999年至今	
主要用户：美国、荷兰	

基本参数	
口径	12.7毫米
全长	1280毫米
枪管长	813毫米
空枪重量	11.8千克
弹容量	1发
枪口初速	900米/秒
有效射程	1850米

美国阿玛莱特 AR-50 狙击步枪

AR-50狙击步枪于1997年开始设计，于1999年开始正式发售。AR-50结构简单，可靠性高。铝合金制造的机匣采用了阿玛莱特公司独特的八边形设计，增强了机匣抗弯曲的能力，机匣表面采用硬质阳极氧化处理，抗腐蚀能力强。AR-50的枪托可分为三个独立的部分，各部分皆由铝制成。

AR-50采用自由浮动式枪管，以减少射击时产生的后坐力，其外表面采用黑色磷化处理，全枪为哑光黑色，以改进全枪外貌、增强耐久性、提高抗腐蚀能力，也增强了在夜间行动时的隐蔽性。

AR-50采用沉重的重量和一个高效的大型凹槽型枪口制退器以吸收大量的后坐，因此在射击时，射手感觉到的后坐力就变得非常柔和。

英文名称：	Armalite AR-50 Sniper Rifle
研制国家：	美国
制造厂商：	阿玛莱特公司
服役时间：	1999年至今
主要用户：	美国、马来西亚

Special Warfare Equipment
★ ★ ☆

基本参数	
口径	12.7毫米
全长	1511毫米
枪管长	787.4毫米
空枪重量	16.33千克
弹容量	1发
枪口初速	840米/秒
有效射程	1800米

俄罗斯 OSV-96 狙击步枪

OSV-96 "胡桃夹子"（Cracker）是由俄罗斯KBP仪器设计局研制的大口径重型半自动狙击步枪（反器材步枪），发射12.7×108毫米枪弹。OSV-96是一支使用传统型气动式操作和四锁耳转栓式枪机的半自动步枪。它装有一个由塑料制造的活塞以及一个同样由塑料制造的手枪握把。OSV-96采用了很长的自由浮动式枪管，并在枪口装上了大型双室枪口制动器。枪身铰链前方的枪管护套上装上了折叠式提把和折叠式两脚架。枪托为木制，装有一块黑色塑料制造的托腮板，但是长度和高度是不可调节的。

OSV-96最明显的特点是它能在枪管/膛室和机匣组件之间向右进行折叠。枪机可直接在枪管延伸部闭锁，枪管和机匣之间以铰链连接。枪身折叠后的全长缩短至1154毫米，方便储藏、携带和运输。即使在折叠状态以下，它也可以迅速重新展开并进入战斗发射模式。

英文名称：	OSV-96 Sniper Rifle
研制国家：	俄罗斯
制造厂商：	KBP仪器设计局
服役时间：	1994年至今
主要用户：	俄罗斯、印度

Special Warfare
Equipment
★★☆

基本参数	
口径	12.7毫米
全长	1746毫米
枪管长	1000毫米
空枪重量	11.7千克
弹容量	5发
枪口初速	900米/秒
有效射程	2000米

俄罗斯 SV-98 狙击步枪

SV-98 是由俄罗斯枪械设计师弗拉基米尔·斯朗斯尔研制、伊热夫斯克兵工厂生产的手动狙击步枪,以高精度著称。SV-98狙击步枪的战术定位专一而明确:专供特种部队、反恐部队及执法机构在反恐行动、小规模冲突以及抓捕要犯、解救人质等行动中使用,以隐蔽、突然的高精度射击火力狙杀白天或低照度条件下1000米以内、夜间500米以内的重要有生目标。

　　SV-98狙击步枪的射击精度远高于发射同种枪弹的SVD,甚至不逊于以高精度闻名的奥地利TPG-1狙击步枪。不过,SV-98狙击步枪保养比较烦琐,使用寿命较短。

英文名称:	SV-98 Sniper Rifle
研制国家:	俄罗斯
制造厂商:	伊热夫斯克兵工厂
重要型号:	SV-98M-338、SV-338M1
服役时间:	1998年至今
主要用户:	俄罗斯、亚美尼亚

Special Warfare Equipment
★ ★ ☆

基本参数	
口径	12.7毫米
全长	1200毫米
枪管长	650毫米
空枪重量	5.8千克
弹容量	5发
枪口初速	820米/秒
有效射程	600~1000米

俄罗斯 VKS 狙击步枪

VKS狙击步枪是俄罗斯研制的重型无托结构微声狙击步枪（反器材步枪），发射12.7×54毫米亚音速步枪弹。该枪是为满足俄罗斯联邦安全局特种部队的需求而开发的，其设计目标是实现比9毫米VSS狙击步枪更优异的微声性能和贯穿能力。VKS狙击步枪的主要作战目标是600米范围内身着重型防弹衣或藏匿于汽车及其他坚固掩体后的敌人。

VKS狙击步枪的钢制机匣采用金属冲压工艺制造而成，机匣前部上方两侧设有6个大型散热孔。该枪采用无托设计，将枪机等主要部件置于手枪握把后方，有效缩短了全枪长度，同时保持了枪管的长度，使其特别适合城市反恐作战等近距离作战环境。与手动步枪类似，VKS狙击步枪的上膛和退弹操作需要手动完成。不过，与常见的旋转后拉式枪机不同，VKS采用了一种较为罕见的直拉式枪机。

英文名称：VKS Sniper Rifle
研制国家：俄罗斯
制造厂商：KBP仪器设计局
重要型号：VKS
服役时间：2004年至今
主要用户：俄罗斯

Special Warfare Equipment

基本参数	
口径	12.7毫米
全长	1120毫米
枪管长	450毫米
空枪重量	7千克
弹容量	5发
枪口初速	300米/秒
有效射程	600米

俄罗斯奥尔西 T-5000 狙击步枪

T-5000狙击步枪为射手提供了多种口径选择，包括.308温彻斯特（7.62×51毫米）、.338拉普阿-马格南（8.6×70毫米）以及.300温彻斯特-马格南（7.62×67毫米）等，以适应多样化的任务需求。在精度方面，T-5000狙击步枪表现出色，其在100米距离内的弹着散布能够控制在0.5MOA以内，部分型号甚至能够达到0.2MOA的高精度水平。

T-5000狙击步枪的机匣通过数控机床精密加工而成，这一先进工艺不仅提升了机匣的结构强度，同时也确保了加工的高精度。枪机组件采用高质量不锈钢材料，同样经过数控机床的精细加工，其表面特别设计有螺旋状排沙槽，这一特性显著增强了枪机在运动过程中的可靠性。枪管采用先进的冷锻技术制造，表面经过硬质阳极氧化处理。

英文名称：	
Orsis T-5000 Sniper Rifle	
研制国家：	俄罗斯
制造厂商：	奥尔西集团公司
重要型号：	T-5000、ORSIS 12.7
服役时间：	2011年至今
主要用户：	
俄罗斯、叙利亚、泰国等	

Special Warfare Equipment
★ ★ ☆

基本参数

口径	7.62毫米、8.6毫米
全长	1230毫米、1270毫米
枪管长	673.1毫米、698.5毫米
空枪重量	6.3千克、6.5千克
弹容量	5发
枪口初速	925米/秒
有效射程	1000米、1500米

英国 AW 狙击步枪

AW是英国精密国际公司北极作战（Arctic Warfare）系列狙击步枪的基本型，自从20世纪80年代问世至今，在平民、警察和军队中应用很普及。

AW狙击步枪的机匣由铝合金制成，枪托由高强度塑料制成，分为两节，与机匣螺接在一起。枪管由不锈钢制成，螺接在超长的机匣正面，可在枪托内自由浮动。机枪后部拉机柄周围有数条纵向槽，进水后也不会结冰，射手仍可完成装填动作。

AW狙击步枪的枪机操作快捷，只需向上旋转60度和拉后107毫米，这种设计的优点很明显：射手在操作枪机时，头部能一直靠在托腮处，所以可以一边保持瞄准镜中的景象一边抛出弹壳和推弹进膛。而且枪机还具有防冻功能，即使在零下40摄氏度的温度中仍能可靠地运作，而这一点也是英军特别要求的。事实上，"北极作战"的名称便源于其在严寒气候下良好的操作性。

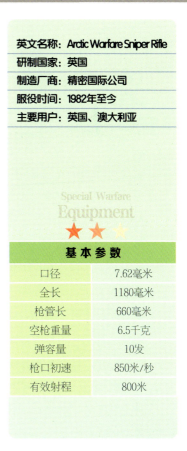

英文名称：	Arctic Warfare Sniper Rifle
研制国家：	英国
制造厂商：	精密国际公司
服役时间：	1982年至今
主要用户：	英国、澳大利亚

Special Warfare Equipment

★ ★ ★

基本参数	
口径	7.62毫米
全长	1180毫米
枪管长	660毫米
空枪重量	6.5千克
弹容量	10发
枪口初速	850米/秒
有效射程	800米

德国 PSG-1 狙击步枪

PSG-1（德语：Präzisions-Scharfschützen-Gewehr，意为：精确射手步枪）是德国HK公司研制的半自动狙击步枪，是世界上最精确的狙击步枪之一。该枪精准度高、威力大，但不适合移动使用，因此主要用于远程保护。

PSG-1狙击步枪的精度极佳，出厂试验时每一支步枪都要在300米距离上持续射击50发子弹，而弹着点必须散布在直径80毫米的范围内。这些优点使PSG-1狙击步枪受到广泛赞誉，通常和精锐狙击作战单位联系在一起。PSG-1狙击步枪的缺点在于重量较大，不适合移动使用。此外，其子弹击发之后弹壳弹出的力量相当大，据说可以弹出10米之远。

PSG-1狙击步枪大量使用高技术材料，并采用模块化结构，各部件的组合很合理，人机工效设计比较优秀。比如扳机护圈比较宽大，射手可以戴手套进行射击。重心位于枪的中心位置，全枪稳定性较好。全枪长度较短，肩背时不易挂住障碍物，射手可以随意坐下或在林间穿行。

英文名称：	PSG-1 Sniper Rifle
研制国家：	德国
制造厂商：	HK公司
重要型号：	PSG-1A1
服役时间：	1972年至今
主要用户：	德国、阿根廷

Special Warfare Equipment

★ ★ ☆

基本参数	
口径	7.62毫米
全长	1200毫米
枪管长	650毫米
空枪重量	8.1千克
弹容量	5发、20发
枪口初速	868米/秒
有效射程	1000米

德国 R93 战术型狙击步枪

R93战术型狙击步枪是由德国布拉塞尔（Blaser）公司研制的，可通过更换枪管的方式发射多种不同口径的弹药。

R93狙击步枪需要以手动方式完成上膛与退膛动作。其枪机是奥地利斯泰尔M1895步枪的直拉式设计，虽然这种设计已不常见，但好处是操作速度比起其他的传统型手动枪机更快，熟练的射手可以使其射击速度不慢于一支半自动步枪。

该枪的瞄准具可通过MIL-STD-1913战术导轨安装在枪管，当拆除枪身底部所接驳的六角螺丝时，枪管和瞄准具可从枪身中拆除。这种设计的优点是分解后变得更紧凑、更方便携带，并可以在30秒内轻易地重新组装。配合原厂特制的比赛级弹药后，R93狙击步枪可以极准确地命中远处的小型目标。

英文名称：	R93 Tactical Sniper Rifle
研制国家：	德国
制造厂商：	布拉塞尔公司
服役时间：	1993年至今
主要用户：	德国、法国

基本参数

口径	8.59毫米（最大）
全长	1050毫米
枪管长	600毫米
空枪重量	5.4千克
弹容量	4发、5发、10发
枪口初速	845米/秒
有效射程	900米

瑞士 SSG 3000 狙击步枪

SSG 3000 是瑞士SIG公司于1984年推出的一款7.62毫米口径狙击步枪，被欧美许多国家的军队和警察使用。

SSG 3000狙击步枪采用模块式构造，枪管和机匣为一个组件，而扳机组和弹仓为一个组件，主要零件都可以快速转换。该枪的重枪管由碳钢冷锻而成，枪管外壁带有传统的散热凹槽，而枪口位置也带有圆形凹槽。

早期型SSG 3000采用的是木制枪托，其后改为麦克米兰黑色玻璃钢枪托，枪身两侧皆有开槽。SSG 3000的枪托底板可调节高低、长短、偏移或倾斜，托腮板也可调节高低，整个系统都可以改为左撇子射手操作的系统。SSG 3000没有机械瞄具，其制式瞄准具是亨索尔德（1.5～6）×42毫米光学瞄准镜，但也可以换成北约标准瞄准镜座以安装其他光学瞄准镜。

英文名称：	SSG 3000 Sniper Rifle
研制国家：	瑞士&德国
制造厂商：	SIG公司
服役时间：	1984年至今
主要用户：	德国、英国

Special Warfare
Equipment
★ ★ ☆

基本参数	
口径	7.62毫米
全长	1180毫米
枪管长	600毫米
空枪重量	5.44千克
弹容量	5发
枪口初速	830米/秒
有效射程	800米

芬兰 TRG 狙击步枪

TRG是由芬兰沙科公司研制的手动狙击步枪，主要分为TRG-21/41和TRG-22/42两个系列。

TRG系列狙击步枪的核心部件就是以冷锤锻造的机匣和枪管，两者都为TRG提供了最大的强度、最低的重量以及良好的耐磨性。圆筒形枪机上具有内置式抛壳顶杆和三个大型锁耳，枪机开锁及闭锁时只需要60度旋转，短枪机型的枪机行程是98毫米，而长枪机型的枪机行程则是118毫米。

TRG系列狙击步枪的枪口可选择安装高效枪口制退器或消声器。枪口制退器通过1颗螺栓和螺钉固定在枪管口部，可减少30%的后坐力。消声器则可通过螺纹连接在枪管口部。TRG的机匣顶部装有一条楔形导轨，以适应不同类型的光学狙击镜、夜视仪、热成像仪或光学电子瞄准镜。TRG也装有折叠式机械瞄具，可以在紧急情况下使用。

英文名称：	TRG Sniper Rifle
研制国家：	芬兰
制造厂商：	沙科（Sako）公司
重要型号：	TRG-21、TRG-22、TRG-41
服役时间：	2000年至今
主要用户：	芬兰、法国

Special Warfare Equipment
★★★

基本参数	
口径	7.62毫米
全长	1150毫米
枪管长	660毫米
空枪重量	4.9千克
弹容量	10发
枪口初速	750米/秒
有效射程	800米

韩国 K14 狙击步枪

K14狙击步枪在设计上受到了美国雷明顿700步枪的显著影响,这一设计渊源使得熟悉雷明顿700步枪的射手能够迅速适应并上手使用K14狙击步枪。相较于雷明顿700步枪,K14狙击步枪在设计上展现了更高的灵活性和便利性。例如,K14狙击步枪的手动保险设计允许射手仅通过旋转90度即可轻松开关,而雷明顿700步枪则需要旋转180度,这一改进显著提升了操作的便捷性。

K14狙击步枪的整体尺寸较短,这使得它便于射手携带和操作。枪托采用玻璃纤维增强的聚合物材料,结合人体工程学原理,配备了可调节的托腮板和单脚架,以提高射击时的稳定性和舒适性。此外,K14狙击步枪还配备了手枪式握把,增强了握持的稳固性。枪托位置的镂空设计,即使在冬季佩戴手套时也能确保舒适的握持感。

英文名称:	
Daewoo K14 Sniper Rifle	
研制国家:	韩国
制造厂商:	大宇集团
重要型号:	K14
服役时间:	2012年至今
主要用户:	
韩国、约旦、伊拉克等	

Special Warfare
Equipment
★ ★ ☆

基本参数	
口径	7.62毫米
全长	1150毫米
枪管长	610毫米
空枪重量	7千克
弹容量	5发、10发
枪口初速	610米/秒
有效射程	800米

美国 M249 轻机枪

M249轻机枪使用装有200发弹链供弹，在必要时也可以使用弹匣供弹。该枪在护木下配有可折叠式两脚架，并可以调整长度，也可以换用三脚架。此外，相对FN Minimi轻机枪来说，M249轻机枪的改进包括加装枪管护板，采用新的液压气动后坐缓冲器等。

M249采用开放式枪机及气动式原理运作，当扣动扳机时，枪机和枪机连动座在受到复进簧的推力下向前移动子弹脱离弹链并进入膛室，击针击发子弹后膨胀气体经枪管进入导气管回到枪机内，并使弹壳、弹链扣排出同时拉入弹链及带动枪机和枪机连动座回到待击状态，多余的气体会在导气管末端排气口排出。

M249枪管膛线缠距为180毫米，气冷式的枪管可通过枪管提把进行更换并由凸轮自动校正定位，护木下的折叠式两脚架可调整长度亦可对应三脚架或车用甚至空用射架。

英文名称：	
M249 Light Machine Gun	
研制国家：	美国&比利时
制造厂商：	FN公司
重要型号：	M249 PIP、M249 Para
服役时间：	1984年至今
主要用户：	美国、墨西哥

Special Warfare Equipment
★ ★ ☆

基本参数	
口径	5.56毫米
全长	1035毫米
枪管长	521毫米
空枪重量	7.5千克
射速	1000发/分
供弹方式	M27弹链
有效射程	1000米

▲ 使用M249轻机枪的士兵

▼ 准备发射枪榴弹的M249轻机枪

美国 M60 通用机枪

M60通用机枪是美军在越南战场中使用的制式机枪，作为支援及火力压制武器，为各西方国家的机枪发展史奠定了基础。主要发射北约7.62毫米枪弹，也可发射7.62毫米穿甲弹和训练弹。

M60的枪管首次采用了衬套式结构；机匣、供弹机盖等都采用冲压件，枪内还广泛采用减少摩擦的滚轮机构；枪机组件由机体、击针、枪机滚轮、拉壳钩、顶塞等组成。该枪准星为片状，固定式。

M60由于火力持久而颇受美军士兵喜爱，获多国军队采用，甚至在越南战争的UH-1直升机机身图腾上也有M60机枪的踪影。但随着多种相同功用机枪的出现及轻兵器小口径化，M60的设计已显得过时，除部分特种部队外，美军以M240作取代，而M60B/C/D车载型及航空机枪则仍旧使用。

英文名称：	M60 Machine Gun
研制国家：	美国
制造厂商：	萨科防务公司
重要型号：	M6OE1、M60E2、M60E3
服役时间：	1957年至今
主要用户：	美国、英国

Special Warfare Equipment

基本参数

口径	7.62毫米
全长	1077毫米
枪管长	560毫米
空枪重量	12千克
射速	550发/分
供弹方式	M13弹链
有效射程	1100米

▲ 安装在舰艇上的M60机枪

▼ 使用弹链供弹的M60机枪

苏联／俄罗斯 RPK 轻机枪

RPK 是以 AKM 突击步枪为基础发展而成的一款轻机枪,具有重量轻、机动性强和火力持续性较好的特点。

RPK 沿用了 AKM 突击步枪著名的冲铆机匣,机枪内部的冲压件比例较 AKM 大幅提高,并把铆接改为焊接。RPK 轻机枪的弹匣由合金制成,并能够与原来的钢制弹匣通用,后期还研制了一种玻璃纤维塑料压模成型的弹匣。

RPK 轻机枪的枪托、护木和握把采用树脂合成材料,降低枪支重量,并增强其结构。膛室和枪膛都经过镀铬处理,以尽可能降低磨损。RPK 轻机枪还配备了折叠的两脚架以提高射击精度,由于射程较远,其瞄准具还增加了风偏调整。

英文名称：RPK Machine Gun	
研制国家：苏联	
研发人员：卡拉什尼科夫	
重要型号：RPKS、RPKS-N、RPKM、RPK-74	
服役时间：1959 年至今	
主要用户：苏联、俄罗斯、以色列	

Special Warfare Equipment ★★☆

基本参数

口径	7.62 毫米
全长	1040 毫米
枪管长	590 毫米
空枪重量	4.8 千克
射速	600 发/分
弹容量	60 发、100 发
最大射程	1000 米

▲ RPK-74机枪

▼ 使用RPK机枪进行训练的士兵

比利时 FN Minimi 轻机枪

Minimi（法文名称：Mini-mitrailleuse，意为迷你型机枪）是FN公司于20世纪70年代研制的一款轻机枪。此枪为美国M249轻机枪的原型。

Minimi轻机枪采用开膛待击的方式，提升了枪膛的散热性能，能有效防止枪弹自燃。Minimi轻机枪在枪托下装有折叠式两脚架，配有可快速更换的长、短枪管。由于采用小口径弹药，Minimi重7.1千克，比其他7.62×51毫米口径的通用机枪要轻得多。Minimi轻机枪不仅有较轻的重量，还有较高的可靠性，比其他轻机枪更适合用作班用支援武器。

Minimi采用5.56×45毫米子弹所制成的可散式金属弹链或北约标准的20/30发弹匣供弹，弹链从机匣左面的弹链供弹口进入时，弹匣供弹口则会封闭，以防止错误操作。

英文名称	
FN Minimi Light Machine Gun	
研制国家：	比利时
制造厂商：	FN公司
服役时间：	1982年至今
主要用户：	比利时、美国

基本参数

口径	5.56毫米
全长	1038毫米
枪管长	465毫米
重量	6.56千克、8.17千克、8.4千克
空枪重量	7.1千克
射速	750发/分
弹容量	20发、30发（弹匣）；100发（弹链）
有效射程	1000米

▲ 澳大利亚士兵与Minimi机枪

▼ Minimi机枪及其弹匣

比利时/美国 Mk 48 轻机枪

Mk 48轻机枪目前正在多个美国特种部队司令部辖下的部队服役，比如美国海军"海豹"突击队和美国陆军"游骑兵"部队等。为了提高战术性能，Mk 48枪身装有5条战术导轨，能够安装各种枪支战术组件。Mk 48轻机枪的两脚架连接在导气活塞上，为内置整体式，并有连接三脚架的配接器。该枪的枪托为固定聚合物枪托，也有一些型号的Mk 48轻机枪使用了伞兵型旋转伸缩式管形金属枪托。

Mk 48轻机枪枪机上装有提把，能够在不使用辅助设备的情况下快速更换枪管，这种设计对因长时间射击而变热的机枪枪管来说非常有用，能够增大机枪耐用性。

英文名称：	
Mk 48 Light Machine Gun	
研制国家：	比利时、美国
制造厂商：	FN公司
重要型号：	Mk 48 Mod 1
服役时间：	2003年至今
主要用户：	美国、捷克、印度

基本参数

口径	7.62毫米
全长	1000毫米
枪管长	502毫米
空枪重量	8.2千克
射速	710发/分
弹容量	100发、200发
有效射程	800米

新加坡 Ultimax 100 轻机枪

Ultimax 100轻机枪是世界上重量最轻、命中率最高的班用轻机枪之一。Ultimax 100采用旋转式枪机闭锁系统，枪前端有微型闭锁凸耳，只要有些许旋转角度即可与枪管完成闭锁。Ultimax 100采用气动、开放式枪机，将部分射击时产生的瓦斯导入枪管上方的瓦斯汽缸，利用瓦斯的压力使活塞后退来打开枪机，进而发射弹药。Ultimax 100最特别的地方在于它采用恒定后坐机匣运作原理，枪机后坐行程大幅度增加，其射速和后坐力都较其他轻机枪较低，因此在射击时可以很容易保持枪支的稳定性，并保持较高的精准度。

英文名称：	Ultimax 100 Machine Gun
研制国家：	新加坡
制造厂商：	新加坡技术动力公司
服役时间：	1985年至今
主要用户：	新加坡、美国

基本参数

口径	5.56毫米
全长	1024毫米
枪管长	508毫米
空枪重量	4.9千克
射速	400～600发/分
弹容量	30发、100发
有效射程	460米

美国 M72 火箭筒

M72 是由美国黑森东方公司研发的一款轻型反装甲火箭筒，于1963年被美国陆军及海军陆战队采用，并取代M20"超级巴祖卡"火箭筒，成为美军主要的单兵反坦克武器，目前仍在服役。

M72火箭筒采用一种简单，但极可靠且安全的电作用保险系统。此保险系统的作用原理如下。通过撞击目标使其前方所放置的矿物结晶产生极短暂的电流，用以启动弹头。一旦弹头启动之后，位于弹头底部的推进药即被引燃，并引爆主要装药。主装药所产生的强大推进力迫使弹头内的铜质衬垫形成定向性的物质喷流。此喷流的强度取决于弹头之大小，并可穿透相当厚度之装甲。

M72火箭筒列编方式灵活，必要时，单兵可携带2具，可大大提高步兵分队攻坚能力，是小型火箭筒非占编列装的主要代表之一。M72火箭筒体积小，重量轻，使用方便。一次性使用，能大大减轻步兵携行压力。非占编列装，大大提高了单兵攻击点目标能力。其使用成本低，便于大量装备。

英文名称：	M72 LAW
研制国家：	美国
制造厂商：	黑森东方公司
重要型号：	M72A2、M72A3
服役时间：	1963年至今
主要用户：	美国、澳大利亚

Special Warfare Equipment

基本参数	
口径	66毫米
全长	881毫米
总重	2.5千克
炮口初速	145米/秒
有效射程	200米

▲ M72火箭筒发射瞬间

▼ 练习使用M72火箭筒的士兵

美国 FIM-92 便携式防空导弹

FIM-92"毒刺" 是由美国通用动力公司设计、雷神公司生产的一款便携式防空导弹,有3种衍生型,即基本型、被动光学型(POST)和软体电脑型(RMP)。

FIM-92便携式防空导弹,虽然官方要求2人一组操作,但实际运用中1人操作就足够了。它可装在"悍马"车改装的"复仇者"载具上或M2"布莱德雷"步兵战车上,也可以由伞兵携带快速部署于敌军后方。

FIM-92发射时,将电池冷冻模组(BCU)插入手把,这将注入一股氩气流进入系统,并使瞄准器和飞弹通电,但电池只有有限的气体量,不能随便使用,在缺乏保养的情况下,长时间后电池会变得无法使用。

FIM-92便携式防空导弹易于搬运和操作,是一种防御型导弹,可以攻击距离为4800米的车辆和高度3800米以下的飞机。FIM-92"毒刺"导弹系统具有"射后不理"能力,射手一旦按动发射按钮,导弹飞离发射管后,可以没有拘束地去装配另外一枚导弹用于下一步的交战(小于10秒内)、隐蔽或移动到另外一个作战位置。

英文名称:	FIM-92 Air Defense Missile
研制国家:	美国
制造厂商:	雷神公司
生产数量:	至少70000具
服役时间:	1981年至今
主要用户:	美国、日本

Special Warfare Equipment
★★

基本参数	
口径	70毫米
全长	1520毫米
总重	15.2千克
引爆方式	穿透弹头加延迟引信火药
最大速度	750米/秒
有效射程	4800米
制导系统	红外线导引热追踪

▲ FIM-92发射瞬间1

▼ FIM-92发射瞬间2

美国 FGM-148 "标枪" 反坦克导弹

FGM-148 "标枪" 导弹是美国德州仪器公司和马丁·玛丽埃塔公司联合研发的单兵反坦克导弹，现由雷神公司和洛克希德·马丁公司生产。

FGM-148 "标枪" 导弹于1989年开始研制，研制工作由德州仪器公司和马丁·玛丽埃塔公司共同完成，1994年开始批量生产，1996年正式服役，取代控制手段落后的M47 "龙"式反坦克导弹。FGM-148 "标枪" 导弹曾用于2003年的伊拉克战争，并对伊拉克的T-72坦克和69式坦克造成巨大威胁。在美国军队中，不仅普通部队大量装备FGM-148 "标枪" 导弹，特种部队也非常喜爱这种武器。

FGM-148 "标枪" 导弹是一种 "射前锁定、射后不理" 导弹，该系统对装甲车辆采用顶部攻击的飞行模式，攻击一般而言较薄的顶部装甲，但也可以用直接攻击模式攻击建筑物或防御阵地，直接攻击模式时也可以用以攻击直升机。顶部攻击时的飞高可达150米，直接攻击时则是50米。FGM-148 "标枪" 导弹系统的缺点在于重量大，射程较近。

英文名称：
FGM-148 Javelin Anti-tank Missile

研发国家： 美国

制造厂商： 德州仪器公司、马丁·玛丽埃塔公司

服役时间： 1996年至今

主要用户： 美国、澳大利亚等

基本参数

直径	130毫米
全长	1100毫米
总重	22.3千克
弹头重量	8.4千克
最大速度	1400千米/小时
有效射程	2500米

经典特战装备鉴赏指南

▲ 美国陆军士兵发射FGM-148"标枪"导弹

▼ FGM-148"标枪"导弹发射瞬间

苏联/俄罗斯 RPO-A "大黄蜂" 火箭筒

RPO-A "大黄蜂"是由KBP仪器设计局生产的一款单兵便携式火箭筒,于20世纪80年代被定为制式武器,至今仍是俄罗斯主要的火箭筒之一。

RPO-A "大黄蜂"发射筒为单筒结构,筒身两端和中部有钢制加强箍。前段加强箍上装有准星和手柄;后端加强箍上装有背带环和发火系统组件;中部加强箍装有握把、表尺和光学瞄准镜支座。

RPO-A "大黄蜂"是一种单发式、一次性便携式火箭筒,发射筒为密封式设计,士兵能够随时让武器处于待发状态,并可在不需任何援助的情况下发射武器。在发射后,发射筒就要被丢弃。该火箭筒有多种型号,每种型号都有着类似的特性。它所发射的火箭弹有3种不同的种类,最基本的弹药为RPO-A,它有着一枚温压的弹头,是为攻击软目标而设计;RPO-Z为一种燃烧弹,用途为纵火并烧毁目标;RPO-D是一种会产生烟雾的弹药。

英文名称:PRO-A
研制国家:苏联
制造厂商:KBP仪器设计局
重要型号:PRO-M
服役时间:20世纪80年代后期至今
主要用户:苏联、俄罗斯、印度

基本参数

口径	93毫米
全长	920毫米
总重	11千克
炮口初速	125米/秒
有效射程	1000米

俄罗斯/约旦 RPG-32 火箭筒

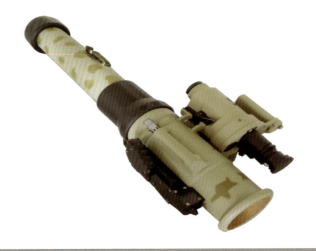

RPG-32 是由俄罗斯和约旦联合研制并生产的手提式双口径（72毫米和105毫米）反坦克火箭筒，可以发射PG-32V HEAT火箭弹和TBG-32V FAE火箭弹。

和其他火箭筒（主要被分为炮身发射后可再装填型或整个发射器于发射后即可抛弃的一次射击型）不同的是，RPG-32是由一根很短而且可重复使用的发射管连折叠式握把、保险装置、瞄准具接口、可拆卸的准直式瞄准镜和一次射击的火箭弹容器所组成的。

RPG-32继承了俄罗斯早期火箭筒试验的成功经验和设计方案，RPG-32只需要用普通的瞄准具作粗略瞄准，就可轻易破坏现代主战坦克和装甲运兵车，还可以打击军事设施和其他战场目标，这样大大方便了射手的使用并投入到作战中。

英文名称：	RPG-32 Hashim
研制国家：	俄罗斯、约旦
制造厂商：	约旦-俄罗斯电子系统公司
服役时间：	2012年至今
主要用户：	俄罗斯、约旦

Special Warfare Equipment
★ ★ ☆

基本参数	
口径	72/105毫米
全长	360毫米
总重	3千克
炮口初速	140米/秒
有效射程	700米

俄罗斯9M131"混血儿"-M 反坦克导弹

9M131"混血儿"-M导弹是俄罗斯研制的便携式反坦克导弹,1992年开始服役,其北约代号为AT-13"萨克斯"2(Saxhorn-2)。

"混血儿"-M导弹方便在城市作战中快速运动携带,攻击装甲目标击毁率高,具有多用途使用特点,成本低且利于大量生产装备。

"混血儿"-M导弹由发射装置和筒装导弹构成,新型发射装置配有性能先进的观瞄系统和电子控制设备。主要改进项目还有火箭发动机的功率增大,使射程从1000米增大到2000米;战斗部口径增大到130毫米,采用串联战斗部和燃料空气战斗部;增加了带有冷却系统的热成像夜视仪。

"混血儿"-M导弹采用半自动指令瞄准线制导,作战反应时间为8~10秒。"混血儿"-M导弹的攻击力来自两种战斗部。一种是改进型9M131导弹,采用重4.6千克的串联空心装药,可对付爆炸式反应装甲,在清除反应装甲后还能侵彻800~1000毫米厚的主装甲。另一种是用于对付掩体及有生力量的空气炸弹,采用燃料空气炸药战斗部,可对付掩体目标、轻型装甲目标和有生力量。

英文名称:
9M131 Metis-M Anti-tank Missile
研发国家: 俄罗斯
制造厂商: KBP仪器设计局
服役时间: 1992年至今
主要用户: 俄罗斯、孟加拉国等

Special Warfare Equipment

基本参数	
直径	130毫米
全长	980毫米
总重	13.8千克
弹头重量	4.95千克
最大速度	200米/秒
有效射程	2000米

苏联 / 俄罗斯 RPG-7 反坦克火箭筒

RPG-7火箭筒是苏联时期研制的单兵反坦克火箭筒,1961年开始服役。除装备苏军外,RPG-7火箭筒还大量装备其他国家的军队。

RPG-7火箭筒的质量轻、威力大、射程远、后喷火焰小、使用简单、价格便宜,而且结构坚固耐用。RPG-7火箭筒由发射筒、瞄准具、手柄、护板、背带、两端护套、握把以及发射机构、击发机构、保险装置等组成。发射筒用合金钢制成,包括筒身和尾喷管两部分。前端有火箭弹定位销缺口,后端有护盘。筒身有准星座和表尺座,下部有握把连接耳、手柄固定凸壁和击针座室,筒身左侧有光学瞄准镜固定板,右面是两个固定护套带和背带环,木制护板由护板箍紧定,起隔热作用。发射机构位于握把内。

英文名称:	RPG-7 Rocket-propelled Grenade Launcher
研发国家:	苏联
制造厂商:	巴扎特防务公司
服役时间:	1961年至今
主要用户:	苏联、俄罗斯、印度等

Special Warfare
Equipment

基本参数	
口径	40毫米
全长	950毫米
重量	7千克
初速	115米/秒
有效射程	200米
破甲厚度	400毫米

第 2 章 主战武器

▲ 美军士兵试射RPG-7火箭筒

▼ 阿富汗士兵发射RPG-7火箭筒

苏联 / 俄罗斯 SPG-9 无后坐力炮

SPG-9 无后坐力炮是苏联于20世纪60年代研制的一种步兵用反坦克武器,取代之前装备的82毫米B-10无坐力炮,于1962年开始服役,主要装备摩托化步兵营,俄罗斯特种部队也将其作为支援武器。

SPG-9无后坐力炮结合了榴弹发射器和反坦克武器的特点,可发射尾翼稳定及火箭助推式高爆弹和高爆反坦克弹。

SPG-9无后坐力炮由发射筒、炮闩、尾喷管、两端护套、护板、肩托、三脚架、瞄准具、握把以及发射机构、击发机构、保险装置和发火系统等组成。发射筒内膛结构为滑膛式,用合金钢制成,筒身较长,药室较大。护板可固定在筒身上,用以保护射手的面部和肩部免受灼伤。SPG-9无后坐力炮采用后膛装填方式,装弹时可把尾喷管向左侧移开,装弹后再移回原位锁定。机械式发射、击发机构与RPG-7火箭筒相似。

英文名称:SPG-9 Recoilless Gun
研发国家:俄罗斯
制造厂商:巴扎特防务公司
服役时间:1962年至今
主要用户:苏联、俄罗斯、波兰、乌克兰、越南等

基本参数

口径	73毫米
全长	2110毫米
全高	800毫米
重量	47.5千克
炮口初速	435米/秒
有效射程	800米

苏联/俄罗斯 9M14"婴儿"反坦克导弹

9M14"婴儿"导弹是苏联设计生产的步兵反坦克武器，主要装备苏军摩托化步兵营的反坦克排和空降部队，其北约代号为AT-3"赛格"（Sagger），于1963年开始服役。

9M14"婴儿"导弹全套武器系统由导弹、发射装置、制导装置组成。弹体用玻璃纤维制成，后部4片尾翼略成倾斜状，使导弹飞行中通过旋转保持稳定。发射时射手将导弹安放在发射架的导轨上，接通导弹与控制盒的电缆，指示灯显示正常工作状态。这时射手用瞄准镜捕捉目标，按下按钮发射导弹，借助控制盒上的手柄发出指令。导弹接收到指令后不断修正弹道，在飞行200米距离后引信自动解脱保险，命中目标时起爆战斗部将其摧毁。

9M14"婴儿"导弹是苏联第一代反坦克导弹中性能较好的一种，曾大量出口到第三世界国家，并在历次局部战争中广泛使用。但它的飞行速度较小，易受风力影响，死角区域较大，最小射程500米，不能攻击距离太近的目标，射手操作比较困难。20世纪70年代以后，苏联对它进行重大改进，改用红外自动跟踪方式，减轻了射手的负担，命中率由60%提高到90%。

英文名称：	
9M14 Malyutka Anti-tank Missile	
研发国家：苏联	
制造厂商：	
涅波别季梅机械制造设计局	
服役时间：1963年至今	
主要用户：俄罗斯、阿富汗等	

Special Warfare Equipment

基本参数	
直径	125毫米
全长	860毫米
总重	10.9千克
弹头重量	2.6千克
最大速度	130米/秒
有效射程	3000米

德国"十字弓"反坦克火箭筒

"十字弓"火箭筒是"十字弓"火箭筒是由德国梅塞施密特-伯尔科-布洛姆公司设计生产的单发式反坦克火箭筒，发射67毫米专用火箭弹，于1974年开始服役。2004年以来，"十字弓"火箭筒逐渐被新加坡、德国和以色列合作开发的"斗牛士"火箭筒取代。

"十字弓"火箭筒是一种无后坐力武器，发射时没有闪光和后喷焰、噪声也较低，可以安全地在任何狭小、封闭的空间内直接发射。

"十字弓"火箭筒配用机械瞄准具，平时折叠在发射筒的软胶垫肩内，使用时竖起。瞄准具上有150~500米的瞄准分划。此外，"十字弓"火箭筒也可配用反射式光学瞄准镜，瞄准镜分划板上有3条刻线，分别用于对0~200米、200~250米、250~300米距离的目标射击。"十字弓"火箭筒主要发射火箭破甲弹和钢珠杀伤榴弹，前者由空心装药战斗部、压电引信、尾管及稳定尾翼等组成，钢珠杀伤榴弹则由战斗部、引信和尾翼组件构成，杀伤半径为14米。

英文名称： Armbrust Anti-tank Weapon
研发国家： 德国
制造厂商： 梅塞施密特-伯尔科-布洛姆公司
服役时间： 1974年至今
主要用户： 德国、新加坡等

基本参数

口径	67毫米
全长	850毫米
全高	140毫米
重量	6.3千克
炮口初速	210米/秒
有效射程	300米

德国"铁拳"3 火箭筒

"铁拳"(德语Panzerfaust)3是由德国狄那米特-诺贝尔炸药公司设计并生产的一款反坦克火箭筒,发射口径110毫米火箭弹,目前仍在多国军队中服役。

"铁拳"3发射管内部为圆柱形铝合金管,并在外面以玻璃纤维强化塑胶包裹制成。火箭弹弹头位于发射管前端的管外,从而可以独立地选择发射管的口径。

"铁拳"3平时状态就是把一枚火箭弹放在一次性发射管上,在使用前才装上一个可重复使用的瞄准/发射单元。发射以后,发射管可以丢弃,而瞄准/发射单元可以拆卸下来并且装到其他未发射的发射管上。

"铁拳"3火箭筒发射管的后方填充了大量的塑料颗粒,在发射时通过无后坐力的平衡质量原理将塑料颗粒从武器后方喷出。这些塑料颗粒能够减少发射以后明亮的喷焰和扬起的尘土,使得"铁拳"3火箭筒能够安全地在一个狭小、封闭的空间发射。"铁拳"3的主要缺点是,它只能够单发射击,而且士兵往往需要很危险地接近打击目标。许多士兵都觉得它非常沉重和烦琐,其发射机构和发射管容易受损和卡弹。

德文名称:	Panzerfaust 3
研制国家:	德国
制造厂商:	狄那米特-诺贝尔炸药公司
重要型号:	Panzerfaust 3-IT
服役时间:	1992年至今
主要用户:	德国、奥地利

Special Warfare Equipment

基本参数	
口径	110毫米
全长	950毫米
总重	15.2千克
炮口初速	115米/秒
有效射程	600米

瑞典 AT-4 火箭筒

  AT-4 是由瑞典绅宝波佛斯动力公司生产的一款单发式单兵反坦克火箭筒，是目前世界上最为普遍的反坦克武器之一。

  AT-4火箭筒在使用时，射手必须先确定目前没有友军或装备在后焰区，若是趴着射击，射手必须将双脚放至两侧以免烧到自己，然后将两个保险装置打开，扳起开火击针，压下扳机。AT-4瞄准靠一个塑胶可调距瞄准具完成，运输时以滑盖保护。除此外，AT-4还可加装光学夜视镜在一个可拆式固定架上。

  AT-4是一种无后坐力火箭筒，这代表火箭弹向前推进的惯性与炮管后方喷出的推进气体的质量达成平衡。因为这种武器几乎完全不会产生后坐力，故此可以使用其他单兵所不能使用、相对更大规格的火箭弹。另外，因为炮管无需承受传统枪炮要承受的强大压力，故此可以设计得很轻。此设计的缺点是它会在武器后方产生很大的火焰区域，可能会对邻近友军甚至使用者自身造成严重的烧伤和压力伤，因此AT-4并不方便在封闭地区使用。

英文名称：Anti Tank 4
研制国家：瑞典
制造厂商：绅宝波佛斯动力公司
重要型号：AT4-CS
服役时间：1987年至今
主要用户：瑞典、美国

Special Warfare
Equipment
★ ★ ☆

基本参数	
口径	84毫米
全长	1016毫米
总重	6.7千克
炮口初速	285米/秒
有效射程	300米

瑞典卡尔·古斯塔夫无后坐力炮

卡尔·古斯塔夫无后坐力炮是由瑞典萨伯博福斯动力公司于20世纪40年代研制的单兵携带多用途无后坐力炮，美国军队直到今天仍在使用。

卡尔·古斯塔夫无后坐力炮由雨果·艾布拉姆森（Hugo Abramson）和哈拉尔德·延森（Harald Jentzen）设计，1948年首次装备于瑞典国防军。之后，卡尔·古斯塔夫无后坐力炮陆续被其他数十个国家采用，并推出了多种改进型。2014年2月，卡尔·古斯塔夫无后坐力炮M3型被美国陆军选为制式武器。截至2025年，卡尔·古斯塔夫无后坐力炮仍在生产。

卡尔·古斯塔夫无后坐力炮可以站立、跪、坐或俯卧位射击，并可以在枪托组件的前面装上两脚式支架以固定于地面及射击。这款武器通常由两个人为一小队并且一起协助操作，其中一人负责携带武器和射击，另一人则负责携带弹药并且协助重新装填。M3型保持了卡尔·古斯塔夫无后坐力炮用途广、性能强的特点，可发射多种弹药。M3型的最大优点在于重量大幅减轻，其全重由M2-550型的18千克降到8.5千克。M3型发射FFV597破甲弹时可击穿900毫米厚均质装甲，能对付现代先进的主战坦克。

英文名称： Carl Gustav Recoilless Rifle
研发国家： 瑞典
制造厂商： 萨伯博福斯动力公司
服役时间： 1948年至今
主要用户： 瑞典、美国等

基本参数

口径	84毫米
全长	1.1米
重量	8.5千克
炮口初速	255米/秒
最大射速	6发/分
有效射程	1000米

瑞典 MBT LAW 反坦克导弹

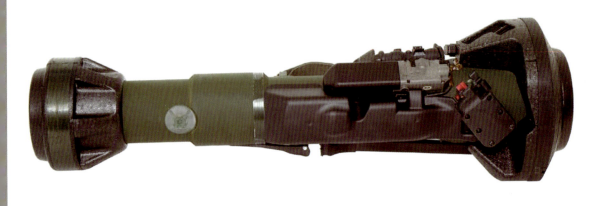

MBT LAW是瑞典和英国于21世纪初联合设计生产的短程反坦克导弹,目前正被瑞典、英国、芬兰和卢森堡等国的军队使用。

MBT LAW于2009年进入英国陆军服役,并被重新命名为"次世代轻型反坦克武器"(Next-generation Light Anti-tank Weapon,简称NLAW),取代英国陆军现有的LAW 80系统,以及在MBT LAW没有正式部署之前作为替代品的L2A1 ILAW(Interim Lightweight Anti-tank Weapon,临时轻型反坦克武器)。在瑞典国防军服役的MBT LAW被命名为Robot 57,芬兰则将其命名为102 RSLPSTOHJ NLAW。

MBT LAW是一种软发射反坦克导弹系统,在城镇战中步兵可以在一个封闭的空间之内使用。在这个系统中,火箭首先使用一个低功率的点火从发射器里发射出去。在火箭经过好几米的行程直到飞行模式以后,其主要火箭就会立即点火,开始推动导弹,直到命中目标为止。

英文名称:	Main Battle Tank and Light Anti-tank Weapon
研发国家:	瑞典、英国
制造厂商:	萨伯博福斯动力公司、泰利斯公司
服役时间:	2009年至今
主要用户:	瑞典、英国等

基本参数

直径	150毫米
全长	1016毫米
总重	12.5千克
弹头重量	3.6千克
最大速度	144千米/小时
有效射程	600米

新加坡/以色列 MATADOR "斗牛士" 火箭筒

MATADOR "斗牛士"（MATADOR 为 Man-portable Anti-Tank Anti-DOoR 的简称，意为便携式火箭筒，以下简称"斗牛士"）是由新加坡和以色列（德国有参与生产）联合开发的一款火箭筒，是同类产品中最轻巧的一款，目前仍在多国军队中服役。

"斗牛士"火箭筒可以使用同时具有反战车高爆弹头（High Explosive Anti-Tank，HEAT）和高爆黏着榴弹（High Explosive Squash Head，HESH）的两用弹头，分别可以破坏装甲和墙壁、碉堡以及其他防御工事。弹头选择是通过其"探针"型装置，延长"探针"型装置就会变成反战车高爆弹头模式，而缩短"探针"型装置就会变成高爆黏着榴弹模式。

"斗牛士"火箭筒是世界上最知名的、能够击毁装甲运兵车和轻型坦克的火箭筒之一。它发射的串联弹头高爆反坦克火箭弹，采用具有延迟模式引信的机械装置，能够在双重砖墙上造成一个直径大于450毫米的大洞，因此可作为对付那些躲藏在墙壁背后敌人的一种反人员武器，为城镇战斗提供了一种房舍突进的非常规手段。

英文名称：	Man-portable Anti-Tank，Anti-DOoR
研制国家：	新加坡、以色列
制造厂商：	拉斐尔先进防御系统公司
重要型号：	MATADOR-MP、MATADOR-WB、MATADOR-AS
服役时间：	2000年至今
主要用户：	以色列、新加坡

基本参数

口径	90毫米
全长	1000毫米
总重	11.5千克
炮口初速	250米/秒
有效射程	500米

英国"星光"防空导弹

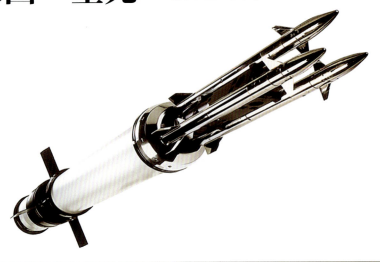

"星光"防空导弹是英国于20世纪80年代设计的便携式防空导弹，1997年开始服役，截至2025年仍然被英国军队大量采用。

"星光"防空导弹拥有红外、雷达、光学、激光、无线引导等多种锁定制导方式，锁定精确度高，不易受到干扰弹和反制物的干扰。

"星光"导弹的最大特点在于采用新型的三弹头设计，弹头由3个"标枪"弹头组成，每个弹头包括高速动能穿甲弹头和小型爆破战斗部。"星光"导弹的控制与制导使用的是半主动视线指挥系统。当主火箭发动机工作完毕，3个"标枪"弹头实现自动分离并开始寻找目标。

"星光"导弹发射时，先由第一级新型"脉冲式"发动机推出发射筒外，飞行300米后，二级火箭发动机启动，迅速将导弹加速到4马赫。在火箭发动机燃烧完毕后，环布在弹体前端的3个子弹头分离，由激光制导。三者之间保持三角形固定队形，向共同的目标飞去。散开的单个"标枪"弹头最适合用来摧毁攻击地面的敌方战机。

英文名称:	
Starstreak Surface-to-air Missile	
研发国家: 英国	
制造厂商: 泰利斯公司	
服役时间: 1997年至今	
主要用户: 英国、德国等	

Special Warfare
Equipment

基本参数	
直径	130毫米
全长	1397毫米
总重	14千克
弹头重量	0.9千克
最大速度	4马赫
有效射程	7000米

法国"米兰"反坦克导弹

"米兰"(法语:Missile d'infanterie léger antichar,简称MILAN)导弹是法国和德国联合研制的轻型步兵反坦克导弹,20世纪70年代初开始服役。"米兰"反坦克导弹在非洲战场、马岛战争及海湾战争中的多次使用,都证明了它所具有的作战灵活性。

基本型"米兰"-1于1972年装备部队,此后又陆续诞生了"米兰"-2、"米兰"-2T和"米兰"-3等改进型。除在法国和德国生产外,"米兰"系列导弹还在英国、印度和意大利等国进行生产。

"米兰"导弹采用目视瞄准、红外半自动跟踪、导线传输指令制导方式。不同于"霍特"导弹作为重型反坦克导弹,"米兰"导弹作为轻型反坦克导弹由步兵使用,射程约为"霍特"导弹的一半(即2000米)。作为有线导引导弹,使用"米兰"导弹的步兵要连续瞄准目标直至命中为止,其弹头采用高爆反坦克弹。

英文名称:
MILAN Anti-tank Missile
研发国家: 法国、德国
制造厂商: 欧洲导弹集团
服役时间: 1972年至今
主要用户: 法国、德国、澳大利亚等

基本参数

直径	115毫米
全长	1200毫米
重量	7.1千克
弹头重量	2.7千克
最大速度	200米/秒
有效射程	2000米

第 3 章

辅助武器

特种部队使用的主战武器火力强大,但也会因其巨大噪声而暴露位置,在其执行刺杀或偷袭任务时,便需要更为小巧便携、隐蔽性更高的辅助武器。辅助武器通常包括手枪、霰弹枪、榴弹发射器和冷兵器等。

美国 M1911 手枪

M1911手枪由勃朗宁设计，于1911年开始生产。几乎所有有能力生产手枪的生产商都推出过M1911手枪，如春田兵工厂、岩岛兵工厂、柯尔特公司、SIG公司等。

M1911手枪采用了双重保险设计，其中包括手动保险和握把式保险。手动保险位于枪身左侧，处于保险状态时击锤和阻铁都会被锁紧，套筒不能复进。握把式保险则需要用掌心保持按压力度才能保持战斗状态，松开保险后手枪就无法射击。这样的双重保险设计，让M1911手枪使用起来非常安全，不容易发生走火等事故。

M1911手枪性能优秀，其11.43毫米的大口径能够提供强大的火力，在有效射程内能快速让敌人失去战斗能力，而且该手枪的故障率很低，这两点让M1911在战斗中能发挥出最大的作用。此外，M1911手枪的结构简单，零件数量较少，而且比较容易拆解，方便维护和保养。

英文名称：	M1911 Pistol
研制国家：	美国
制造厂商：	柯尔特公司等
服役时间：	1911年至今
主要用户：	美国、巴西

Special Warfare Equipment

★★☆

基本参数	
口径	11.43毫米
全长	210毫米
枪管长	127毫米
空枪重量	1105克
有效射程	50米
枪口初速	251.46米/秒
弹容量	8发

美国 M9 手枪

M9手枪是意大利伯莱塔公司为美军设计的一款半自动手枪，由于其性能优秀，目前仍被美国几支特种部队所采用。M9手枪的套筒座，包括握把都是由铝合金制成的，不过为了减轻枪的重量，握把外层的护板是木质的。保险装置由过去的按钮式变成了摇摆杆。增大的扳机圈，即使戴上手套扣动扳机也十分方便。M9手枪维修性好、故障率低，在风沙、尘土、泥浆以及水中等恶劣条件下，其可靠性都十分良好。M9的枪管使用寿命高达10000发，从1.2米处落在坚硬地面上也不会出现误发，在战斗中损坏时，较大的故障维修时间也不超过半小时。

2003年，美国军方推出了M9的改进型，名为M9A1，主要加入了皮卡汀尼导轨以安装战术灯、激光指示器及其他附件。

英文名称：	M9 Pistol
研制国家：	意大利、美国
制造厂商：	伯莱塔公司
重要型号：	M9A1
服役时间：	1990年至今
主要用户：	美国、新加坡

基本参数

口径	9毫米
全长	217毫米
枪管长	125毫米
空枪重量	969克
有效射程	50米
枪口初速	375米/秒
弹容量	15发

美国 MEU（SOC）手枪

MEU（SOC）（Marine Expeditionary Unit，意为美国海军陆战队远征队）手枪，官方命名为M-45MEUSOC，是由美国海军陆战队精确武器工场设计生产的一款半自动手枪。MEU（SOC）采用气冷式、弹匣供弹、枪管短行程后坐作用操作、单动操作，发射.45ACP手枪子弹。

MEU（SOC）手枪的组件都是由手工装配的，因此不能互换。该手枪安装了一个纤维材料的后坐缓冲器，缓冲器可以降低后坐感，在速射时十分有利。但缓冲器本身不太耐用，而且缓冲器产生的小碎片容易堆积在枪管里，导致手枪故障，不过大多美国海军陆战队队员认为这不是问题，因为他们会经常对枪支进行维护和保养。

英文名称：	Marine Expeditionary Unit（SOC）Pistol
研制国家：	美国
制造厂商：	美国海军陆战队精确武器工场
服役时间：	1985年至今
主要用户：	美国

Special Warfare Equipment
★★☆

基本参数	
口径	11.43毫米
全长	209.55毫米
枪管长	127毫米
空枪重量	1105克
弹容量	7发
枪口初速	244米/秒
有效射程	70米

美国 LCP 手枪

LCP手枪（LCP为Lightweight Compact Pistol的缩写，意为轻巧紧凑型手枪）是美国鲁格公司设计生产的一款半自动手枪，属袖珍类防卫武器。

LCP手枪设计有一个手动挂机卡笋，向后拉动套筒并上推卡笋，可使套筒停于后方位置，以便观察枪身内部的情况。如果使已经上推的卡笋复位，则需要将装有子弹的弹匣卸下后重新推入，或者向后拉套筒，在弹簧力作用下卡笋自动复位。弹匣底板和托弹板采用合成材料，弹匣外壳由经过发蓝处理的钢材制成。机械瞄具设计得非常简单，在套筒后部铣有一个方形缺口，这就是照门，前面则是一个很小的准星。枪管在靠近枪口处设计成沙漏形状，有助于待击状态时将枪管和套筒紧锁在一起。

英文名称：	Lightweight Compact Pistol
研制国家：	美国
制造厂商：	鲁格公司
服役时间：	2008年至今
主要用户：	美国

基本参数

全长	131毫米
枪管长	70毫米
空枪重量	270克
弹容量	6发、7发
枪口初速	276米/秒

德国 P99 手枪

P99是瓦尔特公司于20世纪90年代设计生产的一款半自动手枪，目前仍在数十个国家服役。

P99手枪采用枪管短行程后坐原理，其握把采用聚合物制作而成，滑套由经过氮化处理的钢材制成。滑套表面的硬度极高，具有很强的抗磨损和抗锈蚀性。P99的瞄准器可以进行风偏调整，还可以加装战术手电和光束指示器等附件。

P99手枪所有控制部件（套筒卡笋、弹匣扣和待击解脱按钮等）都适合双手使用，套筒上有枪弹上膛指示器，可通过观察和触摸感知。P99手枪被德国警方广泛采用，还被波兰特种部队和军事警察等部门作为制式武器。

英文名称：	P99 Pistol
研制国家：	德国
制造厂商：	瓦尔特公司
重要型号：	P99 AS、P99 QA、P99 Q、P99 RAD
服役时间：	1997年至今
主要用户：	德国、英国

Special Warfare Equipment
★★★

基本参数	
口径	9毫米
全长	180毫米
枪管长	102毫米
空枪重量	710克
弹容量	10发、16发
枪口初速	406米/秒
有效射程	50米

德国 USP 手枪

USP（Universal Self-loading Pistol，意为通用自动装填手枪）是HK公司于1989年开始研发的一款半自动手枪，由于其性能优秀，目前被世界多个国家的军警部门作为制式武器。

USP手枪由枪管、套筒座、套筒、弹匣和复进簧组成，共有53个零件。其滑套是以整块高碳钢加工而成。USP手枪的枪身由聚合塑胶制成，其枪身内衬了钢架以降低重心，增强射击稳定性。套筒座由玻璃纤维塑料制成，手枪金属部件都经过抗腐蚀表面处理。USP首创了护弓前缘多用途沟槽，可加挂专用的镭射瞄准器或强光手电筒，这让USP手枪成为第一把拥有完整配件以执行反恐与特种任务的枪种。

英文名称：	Universal Self-loading Pistol
研制国家：	德国
制造厂商：	HK公司
服役时间：	1993年至今
主要用户：	德国、美国

Special Warfare Equipment
★★☆

基本参数	
口径	9毫米、10毫米、11.43毫米
全长	194毫米
枪管长	106毫米
空枪重量	748克
弹容量	12发、13发、15发
枪口初速	340米/秒
有效射程	50米

▲ 装有镭射瞄准器的USP手枪

▼ USP手枪和OSS战术刀

德国 HK45 手枪

HK45手枪是一把全尺寸型号手枪,相比以前HK公司的其他手枪,其结构上并没有进行较大的创新。HK45吸收了HK P2000和HK P30的优点,并大量使用了新型材料和新型加工工艺,加上良好的人机工效设计,使得HK45的操作十分方便快捷,并且具有优秀的功能扩展性。

HK45的套筒两边的前后两端都有锯齿状防滑纹,在套筒下、扳机护圈前方的防尘盖整合了一条MIL-STD-1913战术导轨以安装各种战术灯、镭射瞄准器和其他战术配件。HK45的套筒是全枪最大的金属部件,由一整块合金钢铣削制成,无论是外表还是内部都看不到明显的刀痕。枪管采用优质合金钢制成,膛室和膛线都按照比赛等级手枪的精度要求进行加工,射击精度可以媲美比赛级手枪。

英文名称:	HK45 Pistol
研制国家:	德国
制造厂商:	HK公司
重要型号:	HK45C、HK45T、HK45CT
服役时间:	2006年至今
主要用户:	德国、美国

Special Warfare Equipment
★ ★ ☆

基本参数	
口径	11.43毫米
全长	191毫米
枪管长	115毫米
空枪重量	784克
弹容量	10发
枪口初速	260米/秒
有效射程	40~80米

德国 Mk 23 Mod 0 手枪

Mk 23 Mod 0 手枪是由HK公司设计生产的一款半自动手枪，目前装备于"海豹"突击队、"绿色贝雷帽"等特种部队。Mk 23 Mod 0手枪使用一条特制的六边形设计枪管，以提高准确性和耐用性。该枪的手动保险和弹匣卡笋设于枪身两侧，方便双手操作。

Mk 23 Mod 0有着特别高的耐久性、防水性和耐腐蚀性。弹匣释放按钮在扳机护圈的后部，两者都被设计得很大，以便双手的大拇指能够直接操作和戴上手套射击时轻松装弹。大型待击解脱杆位于枪管左侧，手动保险的前方，能够降低外置式击锤以锁上全枪。复进簧之中装上了一个申请了专利的后坐力缓冲部件以降低射击时的后坐力，从而提高精确度。

英文名称：	Mk 23 Mod 0 Pistol
研制国家：	德国
制造厂商：	HK公司
服役时间：	1996年至今
主要用户：	德国、美国

Special Warfare Equipment ★★★

基本参数	
口径	11.43毫米
全长	245毫米
枪管长	149毫米
空枪重量	1210克
弹容量	12发
枪口初速	260米/秒
有效射程	50米

德国 HK P11 水下手枪

HK P11手枪是HK公司在20世纪70年代为特种部队研制的水下无声手枪。该枪由两大主要部件构成：枪管组件和手柄。这种手枪共装配5支密封的枪管，通过枪栓旁的可折叠转换装置安装在手柄托架上，子弹发射所需的电能由手柄中间的两组蓄电池提供。然而，HK P11手枪也存在一些缺陷，其技术保障较为复杂，枪管再装填工作只能在HK公司由专业人员进行，使用不够方便。

HK P11手枪既能在水下使用，也能在陆地上使用。其水下有效射程为15米，陆地上的有效射程可达50米，特别适合执行从水下到海岸的秘密渗透行动。尽管HK P11手枪的水下射程相对较短，但可以通过特定的使用方式来弥补。蛙人通常在夜间或能见度较差的条件下发起攻击，敌人难以察觉，从而能够较容易地接近到有效射程内。

英文名称：	
HK P11 Underwater Pistol	
研制国家：德国	
制造厂商：HK公司	
重要型号：HK P11	
服役时间：1977年至今	
主要用户：德国、法国、以色列、意大利、英国等	

Special Warfare Equipment

基本参数	
口径	7.62毫米
全长	200毫米
枪管长	60毫米
空枪重量	1.2千克
弹容量	5发
枪口初速	190米/秒（水下）
射速	600发/分
有效射程	15米（水下）、50米（陆地）

瑞士 P226 手枪

P226手枪是SIG公司设计生产的一款半自动手枪，目前在世界多个国家的军事单位和执法机关服役，其中包括阿尔巴尼亚的反恐特种部队、加拿大皇家海军和比利时警察部队等。

P226手枪与SIG公司其他经典手枪一样，采用了勃朗宁首创的后膛闭锁枪管短行程后坐作用模式以使全枪运作。在射击时，套筒和枪管锁在一起并向后移动几毫米，枪管会向后移直到到达后方的铰链后，后膛会向下倾斜，这个时候子弹已经离开枪管，而压力也下降到安全水平。此时套筒已经完成向后行程，并弹出弹壳，然后复进簧会向前推动套筒，从弹匣内取出最顶部的一发子弹并让枪管后膛向上回复至水平位置，同时向前运动，再将套筒和枪管一起闭锁。

英文名称：	P226 Pistol
研制国家：	德国、瑞士
制造厂商：	SIG公司
重要型号：	
P226R、P226SCT、P226HSP	
服役时间：	1984年至今
主要用户：	瑞士、美国

Special Warfare Equipment ★★☆

基本参数	
口径	9毫米
全长	196毫米
枪管长	112毫米
空枪重量	964克
弹容量	10发、15发、20发
枪口初速	350米/秒
有效射程	50米

▲ P226手枪侧面视角

▼ P226手枪及其使用弹药

瑞士 P228 手枪

P228手枪是SIG公司以P226手枪为基础设计的一款半自动手枪，是成为美军制式手枪的第一种SIG产品。

相比P226手枪而言，P228手枪的设计更符合人体工程学。握把形状的设计无论对手掌大小的射手来说都很舒服，而且指向性极好。双动扳机也很舒适，即使是手掌较小的射手也能很舒适地操作，而单动射击时感觉更佳。由于性能优异，P228手枪被美国陆军选作袖珍手枪，并定名为M11，配发给宪兵、飞行机组人员、装甲车组人员、情报人员、将官等使用。

英文名称：	P228 Pistol
研制国家：	德国、瑞士
制造厂商：	SIG公司
重要型号：	P228R
服役时间：	1988年至今
主要用户：	美国、德国

基本参数

口径	9毫米
全长	180毫米
枪管长	99毫米
空枪重量	825克
弹容量	10发、13发、20发
枪口初速	340米/秒
有效射程	50米

瑞士 SIG Sauer P229 手枪

P229手枪是SIG公司设计生产的一款半自动手枪，有多种衍生型号。其原型枪和各种衍生型号在数十个国家中服役，其中包括加拿大、土耳其和瑞典等。

P229手枪有两个非常突出的优点：第一，结构紧凑，解脱杆安装在套筒座上，精巧的布局使其操作简单；第二，射击精准度高，它在当时与其他以射击精准度著称的手枪不相上下。P229手枪在保险装置设计上与左轮手枪有些相似，其扳机有前、后两个位置，在安全状态下，使用者可通过放重锤按钮使滑膛后的重锤放下，同时带动扳机前移。另外，枪身内部的保险杆深入撞针槽，挡住撞针前后移动，使其不能与上膛子弹底火发生接触，即使枪掉在地上也不容易发生走火。

英文名称：	P229 Pistol
研制国家：	瑞士、德国
制造厂商：	SIG公司
重要型号：	P229R、P229SCT
服役时间：	1992年至今
主要用户：	瑞士、德国

基本参数

口径	9毫米、10毫米、5.59毫米
全长	180毫米
枪管长	99.06毫米
空枪重量	905克
弹容量	15发
枪口初速	340米/秒
有效射程	50米

瑞士 SIG Sauer SP2022 手枪

SP2022手枪是SIG公司设计生产的一款半自动手枪。该手枪是仅次于P228手枪、第二个成为美军制式手枪的SIG公司产品。

SP2022手枪继承了SIG P220系列手枪的工作原理及基本结构,并在设计上有所创新和改进,从而使该枪具有结构紧凑、牢固、安全性良好和操作简便等特点。该枪继承P220系列手枪采用的枪管短后坐式工作原理及枪管摆动式闭锁方式。枪管弹膛下方的椭圆孔与P210、CZ75手枪相同。套筒后退时,空仓挂机的轴与枪管后端椭圆孔的开锁斜面相互作用,使枪管尾端向下倾斜,枪管与套筒脱离,实现开锁。套筒复进时,空仓挂机的轴与椭圆孔的闭锁斜面相互作用,使枪管尾端上抬,闭锁凸笋进入套筒的闭锁槽,实现闭锁。

英文名称	SP2022 Pistol
研制国家	瑞士、德国
制造厂商	SIG公司
服役时间	2002年至今
主要用户	瑞士、英国

Special Warfare Equipment
★★★

基本参数	
口径	9毫米
全长	187毫米
枪管长	98毫米
空枪重量	715克
弹容量	15发
枪口初速	390米/秒
有效射程	50米

意大利 90TWO 手枪

90TWO手枪是伯莱塔公司继92系列手枪之后设计的一款新型半自动手枪,它在2006年的SHOT Show(美国著名枪展)之中,以92手枪的增强版本之名推出。

相对于伯莱塔92F(美国M9手枪)来说,90TWO手枪最明显的变化是增设了手枪套筒座内的缓冲垫,该缓冲垫的增设有利于缓和后坐力,进一步提高命中精度。套筒座握把部位前端比92F更薄,新设计的骷髅状击锤也引人注目。

90TWO内部机构的整体设计与M92FS基本上没有什么变化,只是对细部进行了一些改进。最明显的是增设了90TWO手枪套筒座内的蓝色缓冲垫,该部件安装在套筒座内与后退的套筒撞击的部分,向前方突出约2毫米。该缓冲垫的增设有利于缓和后坐力,进一步提高命中精度。

英文名称:	Beretta 90two Pistol
研制国家:	意大利
制造厂商:	伯莱塔公司
服役时间:	2006年至今
主要用户:	美国、日本

基本参数	
口径	9毫米
全长	217毫米
枪管长	125毫米
空枪重量	921克
弹容量	10发
枪口初速	381米/秒
有效射程	50米

俄罗斯 MP-443 手枪

MP-443手枪（绰号"乌鸦"）是俄罗斯伊热夫斯克兵工厂生产的一款半自动手枪，目前和GSh-18一样是俄罗斯军队的制式手枪。

MP-443可单动发射也可双动式发射。在握把上方左右两侧成对配置手动保险杆，左右手均可操作。手动保险杆推向上方位置为保险状态，不仅锁住扳机和阻铁，也锁住击锤和套筒。枪管后端装有卡铁，该卡铁为一独立件，便于加工。复进簧导杆与空仓挂机轴装在枪管后端的下方，空仓挂机扳把设在套筒左侧。弹匣为钢制件，有10发和17发两种容弹量，弹匣托弹板由聚合物制成。弹匣扣设在扳机护圈后部，枪身左右两侧和缺口式照门前方设有较大的斜坡，以便装入手枪套时不会被挂住。

英文名称：MP-443 Pistol
研制国家：俄罗斯
制造厂商：伊热夫斯克兵工厂
服役时间：2003年至今
主要用户：俄罗斯、哈萨克斯坦

Special Warfare Equipment

基本参数

口径	9毫米
全长	198毫米
枪管长	112.5毫米
空枪重量	950克
弹容量	10发、17发
枪口初速	465米/秒
有效射程	50米

俄罗斯 GSh-18 手枪

GSh-18手枪是由俄罗斯KBP仪器设计局设计生产的一款半自动手枪,主要用于近距离战斗,目前是俄罗斯乃至世界新一代军用手枪中的佼佼者。

GSh-18手枪采用了枪管短行程后坐式,以及一个不寻常的凸轮偏转式闭锁结构,枪管外表面具有10个组成环状、分布均匀的锁耳,回转角度约为18度。冷锻法制造的枪管具有6条多边形膛线,扳机机构为击针击发、双动操作,并设有一个默认式扳机。GSh-18手枪是专为近距离战斗设计的军用半自动手枪,具有体积小、质量轻、弹匣容弹量大和射击稳定性好等优点,在配用7N31穿甲弹时还可以击毙车辆内负隅顽抗的罪犯。

英文名称:	GSh-18 Pistol
研制国家:	俄罗斯
制造厂商:	KBP仪器设计局
服役时间:	2000年至今
主要用户:	俄罗斯、叙利亚

基本参数	
口径	9毫米
全长	184毫米
枪管长	103毫米
空枪重量	470克
弹容量	18发
枪口初速	535米/秒
有效射程	50米

苏联/俄罗斯 SPP-1 手枪

  SPP-1是苏联研制的一款水下手枪，目前仍然被俄罗斯海军特种部队装备，并通过俄罗斯政府控制的军事销售组织出口到其他国家。

  SPP-1有4根枪管，其枪管组件前部通过1个销轴铰接于底把上，其后部由一个锁扣固定在发射位置上。装填时像民用单管或双管猎枪那样扳开枪管，从枪管尾部装填。枪管内没有膛线。SPP-1的双动击发机构采用一个旋转击针，每次扣动扳机时击针向后进入待发位置，同时击针座会旋转90度对准下一个未发射的枪管位置。在手枪底把的左侧有一个扳把，有三个功能，位于顶端时是打开枪管用于装填，中间位置时是"保险"，而扳到底部时则是"发射"状态。

英文名称：	SPP-1 Pistol
研制国家：	苏联
制造厂商：	KBP仪器设计局
重要型号：	SPP-1M
服役时间：	1971年至今
主要用户：	苏联、俄罗斯

Special Warfare Equipment

★★☆

基本参数	
口径	4.5毫米
全长	244毫米
枪管长	203毫米
空枪重量	950克
弹容量	4发
枪口初速	250米/秒（水上）
有效射程	20米（水下）

苏联 / 俄罗斯 PSS 微声手枪

PSS微声手枪 是苏联为满足克格勃特工及陆军特种部队在特殊任务中的需求而研制的，于1983年正式投入使用，取代了性能不足的MSP手枪和S4M手枪。该手枪主要用于特种作战、反恐任务以及秘密行动，能够显著降低使用者的暴露风险。苏联解体后，PSS微声手枪被俄罗斯的执法机构和特种部队继承并继续使用。

PSS微声手枪以小巧的体积和轻便的重量著称，非常适合隐蔽携带。与大多数在枪管前端安装消声器的微声手枪不同，PSS采用了一种独特的7.62×42毫米SP-4专用消声弹。这种弹药在火药与弹头之间设计了一个活塞装置。射击时，火药燃烧产生的气体被限制在弹壳内部，通过活塞推动弹头前进，从而避免了火药气体从枪口喷出，极大地降低了射击时的噪声。这种特殊设计的弹药在25米的距离内能够穿透标准钢盔。

英文名称	PSS Silent Pistol
研制国家	苏联
制造厂商	中央精密机械工程研究院
重要型号	PSS、PSS-2
服役时间	1983年至今
主要用户	苏联、俄罗斯

Special Warfare Equipment
★★★

基本参数

口径	7.62毫米
全长	165毫米
枪管长	35毫米
空枪重量	0.7千克
弹容量	6发
枪口初速	200米/秒
射速	600发/分
有效射程	25米

奥地利格洛克 17 手枪

格洛克 17 手枪是由奥地利格洛克（GLOCK）公司设计生产的一款半自动手枪，也是该公司设计生产的第一款手枪。格洛克 17 手枪采用枪管短行程后坐式原理，使用 9×19 毫米格鲁弹，弹匣有多种型号，弹容量从 10 发到 33 发。该手枪大量采用了复合材料制造，空枪重量仅为 625 克，人机功效非常出色。格洛克 17 及其衍生型都以高可靠性著称。因为坚固耐用的制造和简单化的设计，它们能在一些极端的环境下正常运作，并且能使用多种类的子弹，更可改装成冲锋枪。而且它的零件也不多，因此维修相当方便。

和所有格洛克系列手枪一样，格洛克 17 有三个安全装置。另外，格洛克手枪可在水下发射，不过格洛克公司指出如在水下发射可能会使射手受伤，即便如此，部分蛙人部队还是装备格洛克 17 以作应急之用。

英文名称	Glock 17 Pistol
研制国家	奥地利
制造厂商	格洛克公司
重要型号	格洛克17C、格洛克17L
服役时间	1982年至今
主要用户	奥地利、德国

Special Warfare Equipment

基本参数

口径	9毫米
全长	202毫米
枪管长	114毫米
空枪重量	625克
弹容量	10发、17发、19发、31发、33发
枪口初速	350米/秒
有效射程	50米

奥地利格洛克 34 手枪

格洛克34手枪是格洛克公司设计生产的一款比赛型半自动手枪,由于表现突出,目前被法国特警队、马来西亚警察特别行动小组等执法单位所采用。

格洛克34手枪装有改良过的套筒,相比格洛克17手枪,格洛克34手枪总长度和枪管长度略微缩短,除枪管和弹匣外,格洛克34与格洛克17手枪的部件可互换使用。格洛克34手枪的套筒下前方设有导轨,可安装各种战术配件,其套筒的顶端被打出了一个大孔,用于减少枪口前端的重量。此外,该手枪还有可调整的照门,放大的空枪挂机柄,延长的弹匣卡笋。虽然格洛克34是竞赛型手枪,但由于其高命中精度和高可靠性的优点,因此格洛克34除了民间的订单,亦被军警单位作为制式手枪。

英文名称	Glock 34 Pistrol
研制国家	奥地利
制造厂商	格洛克公司
重要型号	格洛克34 MOS
服役时间	1998年至今
主要用户	法国、美国

Special Warfare Equipment
★★☆

基本参数

口径	9毫米
全长	207毫米
枪管长	135毫米
空枪重量	650克
弹容量	10发、33发
枪口初速	370米/秒
有效射程	50米

▲ 格洛克34手枪（上）与格洛克17手枪（下）

▼ 装有战术手电的格洛克34手枪

捷克斯洛伐克／捷克 CZ-75 手枪

CZ-75手枪是乌尔斯基·布罗德兵工厂生产的一款半自动手枪,除了广泛地装备于多国的军队和执法机构,也大受民间市场欢迎。

该手枪采用了枪管短后坐和勃朗宁闭锁式设计,其枪管在弹膛下方有闭锁凸耳,与底把上安装的开闭锁凸起零件配合引起枪管的摆动,枪管进入套筒内闭锁,顶部有两个位于抛壳口前方的闭锁凸笋。

CZ-75手枪以比利时FN公司的M1903手枪为基础,同时集合了美国SW公司的M39、瑞士SIG公司的P210等手枪的优点。9毫米口径的CZ-75手枪是该系列手枪的基本型,采用勃朗宁枪机设计,与勃朗宁大威力M35型手枪的枪机相似。该枪族性能可靠、坚固耐用,获得了多个国家的青睐,并以可靠的性能、高精度以及高性价比而广受欢迎。

英文名称：	CZ-75 Pistol
研制国家：	捷克斯洛伐克
制造厂商：	乌尔斯基·布罗德兵工厂
重要型号：	CZ-75B、CA-75BD
服役时间：	1976年至今
主要用户：	美国、法国

Special Warfare Equipment
★ ★ ☆

基本参数	
口径	9毫米
全长	206毫米
枪管长	120毫米
空枪重量	1120克
弹容量	15发
枪口初速	375米/秒
有效射程	50米

俄罗斯 PP-91 冲锋枪

PP-91冲锋枪体积小，重量轻，非常便于携带。该枪的原型最早于20世纪70年代推出，但在90年代才正式服役。目前俄罗斯特种部队以及其他军种有使用该枪。

PP-91冲锋枪以反冲作用及闭锁式枪机运作，这种射击比起使用开放式枪机的枪械有着更高的精准度。PP-91的枪托可折叠，射击时还能降低后坐力。

PP-91全枪均由冲压钢板制作而成，其快慢机位于机匣右侧，并能切换为半自动和全自动两种射击模式。在全自动模式时，射速约为每分钟800发，射程在150～300米之间。PP-91还能够装上激光瞄准器和抑制器。

英文名称：	PP-91 Submachine Gun
研制国家：	俄罗斯
制造厂商：	伊热夫斯克兵工厂
服役时间：	1994年至今
主要用户：	俄罗斯

基本参数

口径	9毫米
全长	530毫米
枪管长	120毫米
空枪重量	1.57千克
弹容量	20发、30发
射速	800发/分
有效射程	70米

德国 MP5 冲锋枪

　　MP5冲锋枪是由德国HK公司于1964年研发生产的,也是HK公司最著名、产量最多的枪械产品。MP5冲锋枪被多国军队和警察选作制式武器,因此具有极高的知名度。

　　MP5采用HK G3系列的闭锁枪机,且采用传统滚柱闭锁机构来延迟闭锁,射击时枪口跳动较小,准确性因此大大提高。标准型的MP5发射9×19毫米鲁格弹,采用塑料固定枪托或金属伸缩枪托,配备15发或30发弹匣。它的板机有多种发射模式可选择,包括连发、单发或三发点射模式。

　　MP5冲锋枪虽然有高可靠性、高精度、低后坐力等优点,但其结构复杂,容易出现故障,价格较昂贵。MP5的子弹无法贯穿防弹衣,而且射程只有200米,不足以对付较远距离且穿有防弹衣的敌人。

英文名称	MP5 Submachine Gun
研制国家	德国
制造厂商	HK公司
重要型号	MP5A1、MP5A3、MP5A5
服役时间	1966年至今
主要用户	德国、美国

Special Warfare Equipment
★★☆

基本参数	
口径	9毫米
全长	680毫米
枪管长	225毫米
空枪重量	2.54千克
弹容量	15发、30发
枪口初速	375米/秒
射速	800发/分
有效射程	200米

德国 HK MP7 冲锋枪

MP7冲锋枪是HK公司研发的个人防卫武器，其使用者主要是警察、特警队及特种部队。MP7冲锋枪的外形与手枪相似，射击时除了可将枪托拉出抵肩射击之外，经过训练的射手更可以手枪的使用方法来射击。由于枪身短小，所以也适用于室内近距离作战及要员保护。

MP7冲锋枪大量采用塑料作为枪身主要材料，瞄准方式则采用折叠式的准星照门，不过上机匣也装上了MIL-STD-1913导轨，允许使用者自行加装各式瞄准装置。该枪发射4.6×30毫米子弹，这种子弹有重量轻和后坐力低的优点，可提供足够的穿透力，有效射程也比9毫米子弹远，只是制止能力有所欠缺。MP7冲锋枪可选择单发或全自动发射，可选配20发容量短弹匣或40发容量长弹匣，也有30发容量弹匣。此外，为MP7冲锋枪特制的消声器不会降低其精确度、贯穿力及射速。

英文名称：	HK MP7 Submachine Gun
研制国家：	德国
制造厂商：	HK公司
重要型号：	HK MP7、HK MP7A1、HK MP7A2
服役时间：	2001年至今
主要用户：	德国、美国、英国、意大利等

Special Warfare Equipment
★ ★ ☆

基本参数

口径	4.6毫米
全长	638毫米
枪管长	180毫米
空枪重量	1.2千克
弹容量	20发、30发、40发
枪口初速	735米/秒
射速	950发/分
有效射程	200米

德国 HK UMP 冲锋枪

UMP冲锋枪能够使用11.43×23毫米、10×22毫米和9×19毫米等多种子弹。在设计过程中，该枪借鉴了HK G36突击步枪的部分概念，并大量采用塑料材质，这不仅减轻了枪身重量，还降低了生产成本，但UMP冲锋枪依然保持了HK公司一贯的优良性能和质量。

UMP冲锋枪摒弃了MP5冲锋枪传统的半自由枪机，改用自由枪机。此外，该枪还安装了减速器，将射速控制在600发/分。不过，在发射高压弹时，射速会提高到750发/分。UMP冲锋枪的枪托向右折叠后，弹壳会从枪托中的孔中抛出，这一设计与HK G36突击步枪相似。UMP冲锋枪的顶部、两侧及下侧均配备有RIS导轨，任何符合美国MIL-STD-1913军用标准的辅助装置，如小握把、瞄准镜、战术灯、激光瞄准具等，都可以方便地安装在这些导轨上。

英文名称：	HK UMP Submachine Gun
研制国家：	德国
制造厂商：	HK公司
重要型号：	HK UMP/UMP45/UMP40/UMP9
服役时间：	1999年至今
主要用户：	德国、美国、西班牙、意大利、法国等

基本参数

口径	9毫米、10毫米、11.43毫米
全长	690毫米
枪管长	200毫米
空枪重量	2.3千克
弹容量	30发
枪口初速	380米/秒
射速	600~750发/分
有效射程	100米

比利时 P90 冲锋枪

P90冲锋枪是FN公司于1990年推出的个人防卫武器。P90全名是"Project 90",意思是20世纪90年代的武器专项,该枪也是世界上第一支使用了全新弹药的个人防护武器。

P90冲锋枪能够有限度地同时取代手枪、冲锋枪及短管突击步枪等枪械,它使用的5.7×28毫米子弹能把后坐力降至低于手枪,而穿透力还能有效击穿手枪不能击穿的、具有四级甚至于五级防护能力的防弹背心等个人防护装备。P90的枪身重心靠近握把,有利单手操作并灵活地改变指向。经过精心设计的抛弹口,可确保各种射击姿势下抛出的弹壳都不会影响射击。水平弹匣使得P90的高度大大减小,卧姿射击时可以尽量俯低。此外,P90的野战分解非常容易,经简单训练就可在15秒内完成不完全分解,方便保养和维护。

英文名称	P90 Submachine Gun
研制国家	比利时
制造厂商	FN公司
重要型号:	
P90TR、P90 TAC、P90 USG	
服役时间	1991年至今
主要用户	比利时、德国

Special Warfare
Equipment
★ ★ ☆

基本参数	
口径	5.7毫米
全长	500毫米
枪管长	263毫米
空枪重量	2.54千克
弹容量	50发
枪口初速	715米/秒
射速	900发/分
有效射程	150米

以色列乌兹冲锋枪

乌兹冲锋枪是由以色列国防军军官乌兹·盖尔于1948年开始研制的轻型冲锋枪。该枪结构简单，易于生产，现仍被世界上许多国家的军队、特种部队、警队和执法机构采用。

乌兹冲锋枪最突出的特点是和手枪类似的握把内藏弹匣设计，使射手在与敌人近战交火时能迅速更换弹匣，保持持续火力。不过，这个设计也影响了全枪的高度，导致卧姿射击时所需的空间更大。此外，在沙漠或风沙较大的地区作战时，射手必须经常分解清理乌兹冲锋枪，以避免射击时出现卡弹等情况。

乌兹冲锋枪有一种专为以色列反恐特种部队特别设计的型号——伞兵微型乌兹（Para Micro Uzi），口径为9毫米，机匣顶部及底部加装战术导轨，改为倾斜式握把以对应格洛克18全自动手枪的33发弹匣。

英文名称：	Uzi Submachine Gun
研制国家：	以色列
制造厂商：	IMI公司
重要型号：	Minimi UZI、Micro Uzi
服役时间：	1951年至今
主要用户：	美国、英国

基本参数

口径	9毫米
全长	650毫米
枪管长	260毫米
空枪重量	3.5千克
弹容量	20发、25发、32发、40发、50发
射速	600发/分
有效射程	120米

美国 M870 霰弹枪

雷明顿M870（Remington Model 870）是由美国雷明顿公司制造的泵动式霰弹枪，在军队、警队及民间市场颇为常见。雷明顿870在底部装弹，弹壳从机匣右侧排出，管式弹舱在枪管下部，采用双动式结构，枪管内延长式枪机闭锁。

雷明顿M870霰弹枪在恶劣气候条件下的耐用性和可靠性较好，尤其是改进型M870霰弹枪，采用了许多新工艺和附件，如采用了金属表面磷化处理等工艺，采用了斜准星、可调缺口照门式机械瞄具，配备了一个弹容量为7发的加长式管形弹匣。在机匣左侧加装了一个可装6个空弹壳的马鞍形弹壳收集器，一个手推式保险按钮，一个三向可调式背带环和一个旋转式激光瞄具。

M870霰弹枪因其结构紧凑、性能可靠、价格合理，很快成为美国人喜爱的流行武器，被美国军、警采用，雷明顿兵工厂也因此而成为美国执法机构和军队最喜爱的兵工厂之一。从20世纪50年代初至今，它一直是美国军、警界的专用装备，美国边防警卫队尤其钟爱此枪。

英文名称：	Model 870 Shotgun
研制国家：	美国
制造厂商：	雷明顿武器公司
服役时间：	1951年至今
主要用户：	美国、澳大利亚

Special Warfare Equipment
★★☆

基本参数	
口径	18.53毫米
全长	1280毫米
枪管长	760毫米
空枪重量	3.6千克
弹容量	7+1发
枪口初速	404米/秒
有效射程	40米

意大利 M4 Super 90 霰弹枪

伯奈利M4 Super 90是第一款由伯奈利公司生产的气动式及滚转式枪机战斗霰弹枪。该枪采用全新设计的自动调节气动式枪机操作系统，这是一种短行程活塞传动设计的衍生型，不同之处在于把气动部件分成了四个部分。它的设计包括两个对称的护罩包覆的小型不锈钢制气动活塞，还有两个会自动清洁的不锈钢活塞安装于护木前端，以协助转栓式枪机正常的运作，其好处在于不需要重新设计及采用更复杂的气动式自动结构，并且能提高可靠性，最大限度地减少故障的发生概率。

M4 Super 90是一款模组化武器，它可以交换使用来自不同制造商生产的多种部件，包括枪管、枪托、护木等，而且不需要使用任何的工具。该枪也适用于多种地形，它可以改变装挂的配件以适应不断变化的战术环境。

M4 Super 90霰弹枪可以发射至少25000发子弹而不用更换任何的主要部件。钢铁制的武器部件具有哑光黑磷化耐腐蚀的表面处理，亦有部分是磨砂硬阳极氧化铝处理。这些增强耐久性设计提高了抗锈蚀能力，减轻了全枪的重量，也降低了在夜间行动时被发现的可能。

英文名称：	M4 Super 90 Shotgun
研制国家：	意大利
制造厂商：	伯奈利公司
服役时间：	1999年至今
主要用户：	美国、英国

Special Warfare Equipment

基本参数

口径	18.53毫米
全长	885毫米
枪管长	470毫米
空枪重量	3.82千克
弹容量	8发
枪口初速	385米/秒
有效射程	40米

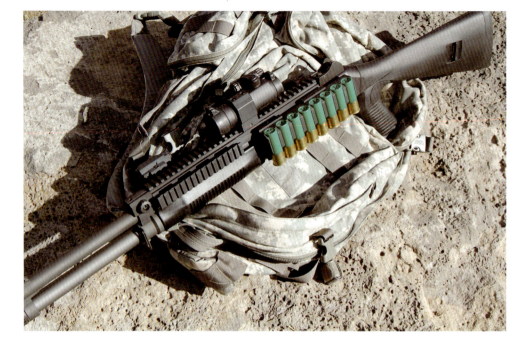

▲ M4 Super 90霰弹枪及其弹药

▼ M4 Super 90霰弹枪发射瞬间

俄罗斯 Saiga-12 霰弹枪

Saiga-12霰弹枪 由俄罗斯伊热夫斯克兵工厂在20世纪90年代早期研制,其结构和原理基于AK突击步枪,包括长行程活塞导气系统,两个大形闭锁凸笋的回转式枪机、盒形弹匣供弹。

Saiga-12霰弹枪为半自动射击,机匣和枪机组被重新设计以适应尺寸较大的突缘弹壳霰弹,单排塑料盒形弹匣的容量只有5发或8发。Saiga-12根据发射弹药尺寸不同而分有"标准"和"马格南"两种设定。AK传统的开放式瞄具由安装在导气管顶端的短肋士霰弹枪瞄具所代替,也可用侧式瞄准镜架安装红点镜。

该枪广泛地被很多俄罗斯执法人员和私人安全服务机构使用。作为一种可靠又有效的近距离狩猎或近战用霰弹枪,Saiga-12的优点是比伯奈利等其他著名公司生产的霰弹枪要便宜得多。

英文名称:Saiga-12 Shotgun
研制国家:俄罗斯
制造厂商:伊热夫斯克兵工厂
服役时间:1993年至今
主要用户:俄罗斯、美国

基本参数

口径	18.53毫米
全长	1145毫米
枪管长	580毫米
空枪重量	3.6千克
弹容量	5发、8发
枪口初速	280米/秒
有效射程	100米

美国 M203 榴弹发射器

M203榴弹发射器是由柯尔特公司研制生产的一款枪挂式榴弹发射器,从1970年服役至今。

M203榴弹发射器下挂在步枪的护木下方,发射器的扳机在步枪弹匣前面,发射时用弹匣充当握把,附有可分离式的象限测距瞄准具及立式标尺。装填弹药时,先按下枪管锁钮让枪管前进,便可从枪管后方装填弹药,一旦让枪管回复原位,撞针便会进入待发模式,之后瞄准并扣下扳机,即可发射榴弹。

M203榴弹发射器令士兵的榴弹发射器与步枪结合,以单一武器发射子弹及榴弹,降低了士兵的装备重量。这种榴弹发射器可发射高爆弹、人员杀伤弹、烟雾弹、鹿弹、照明弹、气体弹及训练弹,在发射40×46毫米榴弹时,有效射程为150米,最大射程为400米。

英文名称:	M203 grenade launcher
研制国家:	美国
制造厂商:	柯尔特公司
服役时间:	1970年至今
主要用户:	美国、德国、英国等

基本参数

口径	40毫米
全长	380毫米
枪管长	305毫米
重量	1.36千克
炮口初速	76米/秒
有效射程	150米
射速	17发/分
供弹方式	手动装填

▲ 美国陆军士兵使用M203榴弹发射器

▼ 使用M203榴弹发射器的"海豹"突击队员

美国 M320 榴弹发射器

M320榴弹发射器由HK公司生产，于2008年开始批量生产，2009年开始服役至今。

M320榴弹发射器的设计基于HK公司的HK AG36榴弹发射器（下挂于HK G36），但不完全相同，M320下挂于枪管底下，HK AG36则安装在护木下方。M320与M203的运作原理相似，与M203一样，M320可安装在M16突击步枪、M4卡宾枪上，位于枪管底下、弹匣前方。不过，M320拥有整体式握把，无须以弹匣充当握把。目前，独立使用版的M320配有火控系统及类似MP7冲锋枪的开合式前握把。

M320榴弹发射器的弹膛向左打开，可发射M203的所有弹药，例如高爆弹、人员杀伤弹、烟雾弹、照明弹及训练弹，甚至新型的长身弹药及非致命弹药。M320拥有双动扳机及两边可操作的安全装置，比M203更加灵活。M320的瞄准标尺在护木侧面（可选择装在左侧或右侧），安装时不需重新校正，加快步枪安装榴弹发射器的时间，也可于步枪损坏时拆下作紧急射击。

英文名称：
M320 Grenade Launcher Module

研发国家：美国、德国

制造厂商：HK公司

服役时间：2009年至今

主要用户：美国、德国等

Special Warfare Equipment
★ ★ ☆

基本参数

口径	40毫米
全长	285毫米
枪管长	215毫米
重量	1.27千克
炮口初速	76米/秒
有效射程	400米
射速	7发/分
供弹方式	手动装填

第 3 章 辅助武器

▲ 装在M4卡宾枪上的M320榴弹发射器

▼ 美军士兵试射M320榴弹发射器

美国 Mk 19 榴弹发射器

Mk 19榴弹发射器是美军从20世纪60年代装备至今的一种40毫米口径的全自动榴弹发射器,除美军普通部队和特种部队使用外,还出口到近20个国家。

Mk 19榴弹发射器的可靠性令它成为了美军各种载具的主要武器,如"悍马"装甲车、"斯特赖克"装甲车、两栖突击载具、全地型车辆、突击快艇、巡逻艇、直升机等。

Mk 19榴弹发射器发射40×53毫米榴弹,理论射速为375~400发/分,实际射速约40~60发/分。它采用后坐作用原理运作,即在扣动扳机后,榴弹会被送上枪管后端的膛室,枪机也随之前进,但在枪机完全前进到达定位前,便会击发,而榴弹发射后的反冲力量,有一部分会被枪机前进的力量抵消。Mk 19榴弹发射器所发射的弹药最小引爆距离为75米,其消焰器可以有效散去发射时喷出的烟雾,以免被敌人发现。夜间作战时,机匣顶部可安装AN/TVS-5夜视镜。

英文名称:	Mk 19 Grenade Launcher
研发国家:	美国
制造厂商:	通用动力公司
服役时间:	1968年至今
主要用户:	美国、德国等

基本参数	
口径	40毫米
全长	1090毫米
枪管长	413毫米
重量	35.2千克
炮口初速	240米/秒
有效射程	1500米
射速	390发/分
供弹方式	32发或48发弹链

▲ Mk19榴弹发射器发射瞬间

▼ 美军士兵使用Mk 19榴弹发射器

经典特战装备鉴赏指南

美国Mk 47榴弹发射器

Mk 47榴弹发射器是美国于21世纪初研制的40毫米口径自动榴弹发射器,也被称为"打击者"40(Striker 40),2005年开始服役。除美国外,澳大利亚、以色列和意大利也购买了Mk 47榴弹发射器。

Mk 47榴弹发射器具有综合火控系统,并且能发射各种40毫米榴弹。Mk 47榴弹发射器配备了先进的检测、瞄准和电脑程序技术。该武器的轻量化视像瞄准设备由雷神公司生产,而其尖端的火控系统采用了最先进的激光测距系统、I2夜视系统和弹道电脑技术。除了能够像Mk 19榴弹发射器一样发射所有北约标准的高速40毫米榴弹以外,Mk 47还可发射能够在设定距离进行空爆的MK285榴弹,其电脑化的瞄准设备能够让用户自行设定距离。

英文名称:	Mk 47 Grenade Launcher
研发国家:	美国
制造厂商:	通用动力公司
服役时间:	2005年至今
主要用户:	美国、澳大利亚等

Special Warfare Equipment
★ ★ ☆

基本参数	
口径	40毫米
全长	940毫米
枪管长	610毫米
重量	18千克
炮口初速	240米/秒
有效射程	1700米
射速	300发/分
供弹方式	32发或48发弹链

▲ 使用Mk 47榴弹发射器的美军士兵

▼ 美军在装甲车上架设Mk 47榴弹发射器

经典特战装备鉴赏指南

俄罗斯 RG-6 榴弹发射器

RG-6榴弹发射器是俄罗斯KBP仪器设计局生产的轻型双动操作六发肩射型榴弹发射器，发射40毫米无弹壳榴弹，1994年开始服役。

RG-6榴弹发射器可以迅速发射6发榴弹覆盖目标区域，尤其适合伏击行动，而重量和尺寸又比自动榴弹发射器要小，方便徒步携带。

RG-6榴弹发射器的设计目的是针对车臣战争的经验，为战斗小分队在城市战斗中提供一种压制火力的步兵支援武器，填补下挂式榴弹发射器（GP-25）和自动榴弹发射器（AGS-17）之间的火力空白。1994年，RG-6榴弹发射器开始批量生产，最初装备俄罗斯陆军和内务部的特种部队和特遣队。之后，RG-6榴弹发射器逐渐在俄罗斯军队的各个部队中广泛使用。

RG-6榴弹发射器的原理其实是参考南非连发式榴弹发射器（MGL），也是用卷簧驱动一个6发转轮弹仓。不同的是RG-6榴弹发射器使用俄罗斯的40毫米无弹壳榴弹，包括VOG-25榴弹和VOG-25P榴弹。在具体结构和操作方式上，RG-6榴弹发射器和MGL也有着较大的区别。总的来说，RG-6榴弹发射器的设计比较粗糙，但胜在可靠和持久，而且容易拆卸清洗和润滑。

英文名称：	RG-6 Grenade Launcher
研发国家：	俄罗斯
制造厂商：	KBP仪器设计局
服役时间：	1994年至今
主要用户：	俄罗斯、哈萨克斯坦

Special Warfare
Equipment
★ ★ ☆

基本参数	
口径	40毫米
全长	690毫米
全宽	145毫米
重量	6.2千克
炮口初速	76米/秒
有效射程	400米
射速	18发/分
供弹方式	6发弹巢

▲ 展览中的RG-6榴弹发射器

▼ RG-6榴弹发射器及其弹药

经典特战装备鉴赏指南

苏联/俄罗斯 GP-25 榴弹发射器

GP-25榴弹发射器是苏联KBP仪器设计局于20世纪70年代研制的,并从1978年服役至今。

GP-25榴弹发射器表面上有着类似于其他枪挂型榴弹发射器的外观,并发射同样的40毫米榴弹。GP-25使用了高低压系统以减低其发射时的后坐力,无需利用火箭弹或其他无后坐力武器的后焰抵消后坐力。

GP-25的枪管由12条右旋膛线和安装在右侧的缺口式象限测距瞄准具组成,双动式扳机连接着一个小型空心橡胶握把的发射机座。枪管的顶部装有连接座,可以直接装挂于AK-47枪族下方的刺刀座,而且不需要任何工具。为了减少后坐力,在装上GP-25后可选择在步枪枪托上装上一个缓冲垫。

GP-25后方的支架可以使其更稳固的安装在步枪上而不会出现松动,并且其本身也装有弹簧减震器,同样可以降低后坐力。缺口式象限测距瞄准具可以从中间的轴心以回转的方式调整,以选择平射弹道或曲射弹道两者模式。

英文名称:
GP-25 Grenade Launcher
研制国家: 苏联
制造厂商: KBP仪器设计局
服役时间: 1978年至今
主要用户: 苏联、俄罗斯、印度

Special Warfare
Equipment

基本参数	
口径	40毫米
全长	323毫米
枪管长	120毫米
重量	1.5千克
炮口初速	76.5米/秒
有效射程	150米
射速	20发/分
供弹方式	手动装填

苏联／俄罗斯 AGS-17 榴弹发射器

AGS-17榴弹发射器是苏联时期设计生产的30毫米全自动型榴弹发射器，1967年开始服役，主要用于打击敌方人员、载具。

阿富汗战争期间，AGS-17榴弹发射器是最受苏军欢迎的地面支援武器之一，有些士兵还在装甲运兵车和卡车的车顶上安装了简易支架，并使其作为车辆武器。目前，AGS-17榴弹发射器仍然是俄罗斯步兵部队使用的直接火力支援武器，主要提供给连级部队使用。必要时，俄罗斯特种部队也会使用AGS-17榴弹发射器。

AGS-17榴弹发射器是后膛装填式全自动武器，具有使用灵活、携行方便的优点，可根据战术需要实施单发、连发射击，以及实施平射或曲射射击。AGS-17榴弹发射器采用枪机后坐式工作原理，闭膛待发，击锤击发，弹链供弹。自动机后坐、复进过程中，其曲线导轨带动拨弹滑板运动，完成供弹动作。弹链装在弹鼓内，每个弹鼓可容纳29发弹药。射击时，弹鼓挂在机匣右侧。发射用的三脚架由脚杆、上架和摇架组成，脚杆可以折叠，便于携行。

英文名称：
AGS-17 Grenade Launcher
研发国家： 俄罗斯
制造厂商： KBP仪器设计局
服役时间： 1967年至今
主要用户： 俄罗斯、古巴等

基本参数

口径	30毫米
全长	840毫米
枪管长	290毫米
重量	31千克
炮口初速	185米/秒
有效射程	1700米
射速	400发/分
供弹方式	30发弹链

经典特战装备鉴赏指南

苏联/俄罗斯 AGS-30 榴弹发射器

AGS-30榴弹发射器是苏联设计的30毫米自动榴弹发射器,由AGS-17榴弹发射器改进而来,发射30×29毫米无弹壳榴弹,于1999年开始服役。

AGS-30榴弹发射器和AGS-17榴弹发射器一样是班用步兵支援武器,设计上是安装在三脚架上或安装在装甲战斗车辆上。AGS-30榴弹发射器同样由KBP仪器设计局设计,研制工作始于20世纪90年代初,但直到1999年才开始批量生产。除俄罗斯外,亚美尼亚、阿塞拜疆、孟加拉国、印度和巴基斯坦等国也有采用。

AGS-30榴弹发射器的结构原理基本上是由AGS-17榴弹发射器改进而来,同样是后坐式枪机,可选择单发或连发。另外,弹药和弹链也与AGS-17榴弹发射器相同。不过,AGS-30榴弹发射器的握把是安装在三脚架的摇架上,而不是发射器上,扳机则位于右侧握把上。标准瞄准具具有2.7倍放大倍率的PAG-17光学瞄准具和后备机械瞄具。

英文名称:	
AGS-30 Grenade Launcher	
研发国家:	俄罗斯
制造厂商:	KBP仪器设计局
服役时间:	1999年至今
主要用户:	俄罗斯、巴基斯坦等

Special Warfare Equipment

★ ★ ☆

基本参数	
口径	30毫米
全长	1165毫米
枪管长	290毫米
重量	16千克
炮口初速	185米/秒
有效射程	2100米
射速	400发/分
供弹方式	30发弹链

俄罗斯 GM-94 榴弹发射器

GM-94榴弹发射器是俄罗斯设计生产的一种泵动式操作的榴弹发射器，目前正被俄罗斯联邦安全局和俄罗斯内务部的特种部队所使用。

GM-94榴弹发射器是为适应现代城市作战及警察行动和反恐怖作战要求而专门设计的一种高效能、通用型武器系统，其性能可靠，使用方便，左右手均可发射。

由于GM-94榴弹发射器采用泵动式设计，所以射手通过向前推动发射管就可以完成重新装填，这种设计减小了武器本身的体积和质量，也减少了零部件和装配单位的数量。发射管的闭锁通过一个机匣平面和侧向闭锁卡铁实现。发射管位于管状弹仓下方，因此可以提高射击时榴弹发射器的稳定性。榴弹从发射器顶部进行装填，这种设计可以方便地补充弹药。GM-94榴弹发射器从下方抛壳，这一点对于在建筑物、交通工具中使用武器来说十分重要，甚至对于左撇子射手来说也很方便。

英文名称：
GM-94 Grenade Launcher
研发国家：俄罗斯
制造厂商：KBP仪器设计局
服役时间：1996年至今
主要用户：俄罗斯、利比亚等

Special Warfare
Equipment
★ ★ ☆

基本参数	
口径	43毫米
全长	810毫米
枪管长	540毫米
重量	4.8千克
炮口初速	85米/秒
有效射程	300米
射速	18发/分
供弹方式	3发内置弹仓

▲ GM-94榴弹发射器实弹测试

▼ GM-94榴弹发射器及其弹药袋

德国 HK AG36 榴弹发射器

AG36(德语:Anbau-Granatwerfer,意为附加型榴弹发射器)是由HK公司设计并生产的一款榴弹发射器,主要是为了进一步增强HK G36突击步枪的单兵作战火力。

AG36榴弹发射器使用聚合物和高强度铝,这样有助于降低其质量不均衡的情况和提高耐用性。它几乎能够发射所有的40×46毫米榴弹弹药。另外,就算AG36下挂于任何的步枪,它亦不会影响步枪的精度或其操作系统。

AG36可通过增加手枪握把配件改装成一个独立的肩射型榴弹发射器武器系统,并可安装LLM01激光瞄准器以增加精度。可以在必要时使用更长的弹药(例如橡胶子弹、防暴弹、催泪弹),因此使用起来比较灵活。

德文名称:	Anbau-Granatwerfer 36
研制国家:	德国
制造厂商:	HK公司
重要型号:	AG36A1
服役时间:	2002年至今
主要用户:	德国、法国

基本参数

口径	40毫米
全长	350毫米
枪管长	280毫米
重量	1.5千克
炮口初速	76米/秒
有效射程	150米
射速	5~7发/分
供弹方式	手动装填

德国 HK GMG 榴弹发射器

HK GMG榴弹发射器是德国HK公司为德国国防军设计生产的40毫米自动榴弹发射器，发射40×53毫米榴弹，于2000年正式在德国服役。

HK GMG榴弹发射器可装在三脚架上使用，由于榴弹采用高低压发射原理，几乎没有发射管部件上跳等不适感，远比轻机枪的射击感觉舒适。

2000年，德国国防军正式选定HK GMG榴弹发射器作为制式武器，德国陆军特种部队比常规部队更早一步装备。此外，德国空军军团、德国海军陆战队专业海上部队和海岸防卫部队也有采用。

HK GMG榴弹发射器使用轻便的铝合金制造机匣，减轻了整体质量。该榴弹发射器可以轻易地在半自动射击和全自动射击之间切换，并可以利用机匣盖上的两条MIL-STD-1913战术导轨安装各种现有的瞄准具（包括光学瞄准镜、夜视镜和红外线），令其能够在各种情况下对大量和多种类型的敌方目标进行更精确、更大范围和远距离轰炸。

英文名称：	
HK GMG Grenade Launcher	
研发国家：	德国
制造厂商：	黑克勒·科赫公司
服役时间：	2000年至今
主要用户：	德国、加拿大等

Special Warfare Equipment
★★☆

基本参数	
口径	40毫米
全长	1090毫米
枪管长	415毫米
重量	28.8千克
炮口初速	241米/秒
有效射程	1500米
射速	350发/分
供弹方式	32发弹链

瑞士 GL-06 榴弹发射器

GL-06是由瑞士布鲁加-托梅公司设计并生产的肩射型榴弹发射器,专门供军队和执法机关使用,发射40×46毫米低速榴弹。

GL-06和其他同类型的肩射型榴弹发射器(例如美国的M79和德国的HK 69)相比较轻和紧凑,但非常准确,战术灵活,其人体工程学设计也非常优秀。

GL-06榴弹发射器能执行多重战术任务。当使用非致命性弹药时,它能有效地完成骚乱人群控制和治安任务;而当装填高爆弹药时,它是一款可靠的地面战术支援武器。它使用大量聚合物替代早期的钢铁和铝合金材料,采用上摆式或侧摆式装填方式,对弹药的最大长度不再有严格限制,而且可加装光学瞄准镜。枪管与机匣是以钢制成,而枪托、手枪握把等多个部件则是以聚合物制成。

英文名称	GL-06 Grenade Launcher
研制国家	瑞士
制造厂商	布鲁加-托梅公司
重要型号	LL-06
服役时间	2008年至今
主要用户	瑞士、法国

Special Warfare Equipment

★★★

基本参数

口径	40毫米
全长	385毫米
枪管长	280毫米
重量	2.05千克
炮口初速	85米/秒
有效射程	300米
射速	5~7发/分
供弹方式	手动装填

比利时 FN EGLM 榴弹发射器

  EGLM（英语：Enhanced Grenade Launcher Module，意为增强型榴弹发射器组件）是由FN公司设计并生产的一款榴弹发射器，有军、警两种型号，军用型正式名称为Mk 13 EGLM，警用型正式名称为FN 40GL。

  EGLM采用纯双动操作扳机，可旋转型中折式装填。装填时枪管可向左或右转动，无论以任何射击姿势都可以轻易地装弹和退弹。它可以直接由持枪手的食指按发扳机而不会被中央的子弹弹匣挡住，无论左手或右手都可以灵活地操作。EGLM采用了聚合物制造的机匣和扳机接合组件，加上军用标准的坚硬铝制成的枪管表面具有哑光黑的耐腐蚀处理，因此有高耐用性和重量轻等优势。

  EGLM榴弹发射器可下挂于突击步枪使用，也可单独使用。下挂使用时，通过机匣顶部的导轨槽连接在战术导轨上，由两个锁定杆固定。当需要拆卸下来的时候，只需将两个锁定杆扳起，即可将EGLM取下。

英文名称：	Enhanced Grenade Launcher Module Grenade Launcher
研制国家：	比利时、美国
制造厂商：	FN公司
服役时间：	2000年至今
主要用户：	比利时、美国

Special Warfare Equipment ★★★

基本参数

口径	40毫米
全长	514.35毫米
枪管长	244.48毫米
重量	1.14千克
炮口初速	75.89米/秒
有效射程	625米
射速	7发/分
供弹方式	手动装填

南非连发式榴弹发射器

连发式榴弹发射器（MGL）是南非米尔科姆有限公司生产的轻型双动操作肩射型榴弹发射器，主要发射40×46毫米低速榴弹。

1983年，MGL正式在南非国防军中服役，并且被命名为Y2。此后，MGL逐渐地被数十个国家的军队和执法机关所采用，从1983年至今的总产量已超过50000支。MGL有多种衍生型，如MGL Mk 1、MGL Mk 1S、MGL Mk 1L、MGL-140等，而美国海军陆战队装备的M32 MGL就是在MGL-140基础上改进而来。

MGL的设计简单、坚固，而且可靠。它采用了久经考验的左轮手枪的设计，实现高精确率的射击，并且可以迅速地发射，以迅速地达到对目标猛烈轰炸的火力。与其他40毫米榴弹发射器相比，MGL有6发弹容量，能在3秒内全部发射，因此在伏击或快速通过城市的战斗中相当有用。美国海军陆战队装备的M32 MGL配备了M2A1反射式瞄准镜，并具有MIL-STD-1913战术导轨以安装战术配件。虽然MGL的主要用途是发射高爆榴弹以协助进攻和防御，但也可以装备适当的非致命性弹药以便在防暴和维和行动中使用。

英文名称：	Multiple Grenade Launcher
研发国家：	南非
制造厂商：	米尔科姆有限公司
服役时间：	1983年至今
主要用户：	南非、美国等

基本参数

口径	40毫米
全长	812毫米
枪管长	300毫米
重量	5.3千克
炮口初速	76米/秒
有效射程	375米
射速	21发/分
供弹方式	6发弹巢

▲ 手持M32 MGL的美国海军陆战队员

▼ 装备M32 MGL的美国海军陆战队员

美国蝴蝶 375BK 警务战术直刀

375BK是由美国蝴蝶刀具公司设计并生产的一款警务战术直刀，采用一体式全骨结构，是一款性能良好、携带方便的多功能战斗武器。

375BK警务战术直刀使用D2工具钢制作宽阔水滴头刀身，平磨手法赋予了刀具更强大的切削能力。为了应对更艰难的环境，这款直刀双侧开刃，刀背前端开锋和锋利的刀尖让刀具拥有出色的穿刺能力，而后半部的齿刃则可以用来执行重型切割任务。

375BK警务战术直刀刀身采用黑色涂层处理，一侧印有蝴蝶标志。一体式的刀柄采用镂空设计，不仅有效地减轻了刀具重量，也可以使用配赠的伞绳进行绑缚成为伞绳柄直刀。

英文名称：	375BK Tactical Knife
研制国家：	美国
制造厂商：	蝴蝶刀具公司
主要用户：	美国

Special Warfare Equipment ★★☆

基本参数	
总长度	23厘米
刀刃长度	10.6厘米
刃厚	0.43厘米
重量	160克

美国蝴蝶 67 甩刀

67甩刀是由美国蝴蝶刀具公司设计生产的一款多功能甩刀。67甩刀拥有一个D2工具钢制作的弯曲刃几何头刀片，凹磨手法让略微内凹的刀具刃部拥有出色的切削能力，而加宽加厚的几何状刀头让其拥有出色的穿刺能力。

67甩刀的不锈钢镂空手柄大大减轻了刀身重量，并且刀柄更透气，手部不容易出汗，能把握得更稳。其柄部表面进行完美的抛光处理，尾部经典的T头栓锁确保了刀具顺畅的开启和闭合。

国内刀具爱好者多将蝴蝶67甩刀称为"扇刀"或"蝴蝶刀"，主要原因在于其开合动作非常像蝴蝶在扇动翅膀，所以用"蝴蝶"来命名。

英文名称：	67 Balisong
研制国家：	美国
制造厂商：	蝴蝶刀具公司
主要用户：	美国

Special Warfare Equipment
★ ★ ☆

基本参数	
总长度	23.1厘米
刀刃长度	9.6厘米
刃厚	0.32厘米
重量	181克

美国夜魔 DOH111 隐藏型战术直刀

DOH111 是由美国夜魔刀具公司设计并生产的一款隐藏型战术直刀,被美国政府服务机构视为最佳刀具之一,被众多军队、警察所认可,并推崇为最具杀伤力的战术刃具武器。

DOH111采用CTV2外科手术级高锋利度不锈钢。这种材料弥补了以往传统材料的缺陷,既保证了刀刃的高硬度,又完善了刀刃的韧性,所以是可以胜任高强度工作的新型材料。

DOH111没有过多的锁定设计,避免了在恶劣环境中由于过于烦琐的功能所导致战术动作的失常从而带来不必要的危险。夜魔刀具公司产品刀刃的厚度几乎是其他同等品牌刀具的1倍,锁定机构也是经过实战的检验,超常的强大、坚固。

DOH111是根据全天候作战的需求而设计,能够在不同的恶劣条件下完成各项任务。DOH111刃部长且锐利,足以穿透战斗机外壳和单兵防弹系统。经过军方的实战测试,该刀的握把加入了高科技石英防滑颗粒,适用于作战时的各种握持方式。

英文名称:	DOH111 Tactical Knife
研制国家:	美国
制造厂商:	夜魔刀具公司
主要用户:	美国

基本参数

总长度	25.2厘米
刀刃长度	14厘米
刃厚	0.6厘米
重量	392克

美国爱默森 Super Karambit SF 爪刀

Super Karambit SF 是由美国爱默森刀具公司设计并生产的一款爪刀，主要用作近身搏斗。

Super Karambit SF 爪刀刀柄设计符合人体工程学，适合正向、反向卧持和使用。刀柄内部拥有钛衬垫，保护使用时的稳定性，柄外贴附的织纹状黑色G10贴片提供了出色手感。刀背末端拥有波形快开机制，在紧急或是受伤情况下，从口袋抽出刀子的同时，可开启刀刃。

Super Karambit SF 爪刀平磨后，刀身拥有出色的锋利度，针尖形刀尖能提供足够的穿透力，刀身采用石洗处理，并印刻有爱默森标志。刀柄尾末端设计有超大指孔，方便操作。

英文名称：	Super Karambit SF
研制国家：	美国
制造厂商：	爱默森刀具公司
主要用户：	美国

基本参数

总长度	17.3厘米
刀刃长度	6.1厘米
刃厚	0.31厘米
重量	102克

美国挺进者 BNSS 战术刀

BNSS是由美国Strider（挺进者）刀具公司设计生产的一款战术刀，粗犷的外形和几何刀头让人很容易认为它是一把适合格斗的工具刀。

BNSS战术刀采用S30V钢材制造，这是一种高铬、高碳、高钼、低杂质的不锈钢，具有良好的硬度和韧性。BNSS战术刀经过超高温热处理和零下温度淬火，以及独特的回火流程以增加韧性。其表面经过氧化处理，非常坚固耐用，且不需要刻意保养。

由于BNSS战术刀主要用于军事用途，所以该刀并不注重舒适度。其刀柄为刀身外加缠绳，缠绳的材料有多种可选。缠有纤维尼龙绳的刀柄具有很好的防滑性，即便浸了油也能握得很紧。

英文名称：	BNSS Tactical Knife
研制国家：	美国
制造厂商：	Stider刀具公司
主要用户：	美国

Special Warfare Equipment
★ ★ ☆

基本参数

总长度	30厘米
刀刃长度	17.8厘米
刃厚	0.6厘米
重量	560克

美国 M9 多功能刺刀

M9多功能刺刀是美国菲罗比斯公司为M16、AR-15、G3和FNC等北约制式枪械所研制并装备的新一代多功能刺刀。

M9刺刀的刀柄为圆柱形，采用美国杜邦公司生产的橄榄绿色ST801尼龙绝缘材料制造，坚固耐用，表面刻有网状花纹，握持手感良好。刺刀护手两侧有两个凹槽，具有启瓶器功能，刀柄尾部有一个小卡槽。该刀的刀鞘同样适用ST801尼龙材料制作，刀鞘上装有磨刀石，末端还有螺丝刀刃口，可当做改锥使用。

M9刺刀是在BUCK 184军刀的基础上改进而成的，刀身使用425M钢材制造，厚度6毫米。刀身表面涂层呈暗灰色和纯黑色两种，刀刃部经过专业的热处理，刃口锋利，刀背锯齿坚固锋利，能切断飞机外壳，刀身能与刀鞘剪切板组成钳子，可用于间断铁丝网和电线。

英文名称：	M9 Bayonet
研制国家：	美国
制造厂商：	菲罗比斯公司
生产数量：	40.5万把以上
主要用户：	美国

基本参数

总长度	30.8厘米
刀刃长度	17.78厘米
刃厚	0.66厘米
重量	413克

美国 M67 手榴弹

M67手榴弹是目前美军主要的单兵爆破武器之一，因为形状的缘故，又被昵称为"苹果"。

M67式手榴弹由弹体和引信组成。球形弹体用钢材制成，内装B炸药。引信为M213式延期引信。引信保险机构上增加一保险夹，可防止保险销被意外拉出，从而避免事故的发生。M67手榴弹采用球形弹体，是爆炸型弹最理想的弹体形状，弹体爆炸后碎片能够均匀分布。

M67是一种碎片式手榴弹，主要使用于美国与加拿大军队，加拿大的编号是"C13"。M67装有3～5秒的延迟信管，可以轻易地投掷到40米以外。爆炸后由手榴弹外壳碎裂产生的弹片可以形成半径15米的有效杀伤范围以及半径5米的致死范围。

| 英文名称：M67 Grenade |
| 研制国家：美国 |
| 服役时间：20世纪50年代至今 |
| 主要用户：美国、韩国 |

Special Warfare Equipment

★ ★ ☆

基本参数

直径	63.5毫米
总重	400克
引爆方式	4秒延迟信管

美国 M84 闪光弹

M84闪光弹能对敌方造成短暂性失明及耳鸣,合理运用将能在短时间内使敌方人员丧失战斗能力。

M84闪光弹外面附盖有一层轻薄的金属壳,不会产生破片杀伤,而且还开了许多孔,让闪光和噪声充分释放,因此它不会产生致命的冲击波和破片。

M84闪光弹投掷后,会快速燃烧镁或钾以产生强光,这种强光会使被攻击目标产生短暂性失明,从而丧失反抗能力。由于M84闪光弹爆炸时不会产生攻击性的碎片,因此被特种警察部队广泛用于解救人质等案件。另外,M84还可用于投掷坦克车身上光学器材的膜层,从而使探测器失去探测能力。

英文名称:M84 Stun Grenade
研制国家:美国
服役时间:1995年至今
主要用户:美国

Special Warfare Equipment
★ ★ ☆

基本参数

全长	133毫米
直径	44毫米
总重	236克

▲ M84闪光弹顶部

▼ M84闪光弹底部

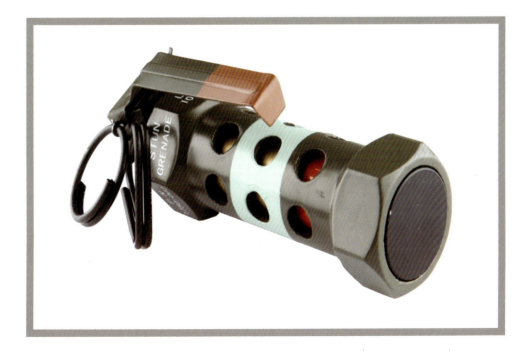

美国 M18 烟幕弹

M18烟幕弹是美国陆军所使用的一种单兵投掷武器，同M84闪光弹一样，它也属于战术性的辅助工具。

M18烟幕弹作为战术辅助工具，一般不会造成致命伤害。其内部有一个钢铁容器，以及几个位于弹体两端专为放射气体制造的孔眼。

M18烟幕弹主要用于掩护队友，分散敌人注意力以及发送信号等方面。M18可以根据具体的情况指定烟雾的颜色，其烟雾粒子可以在大气中长期停留，且不会轻易被风吹散。

M18还有一种具有爆炸性的型号，其一旦与空气接触就会引爆，同时会冒出一种强烈的黄色火花，并附带白磷气体。

英文名称：M18 Smoke Bomb
研制国家：美国
服役时间：20世纪50年代至今
主要用户：美国

Special Warfare Equipment
★★☆

基本参数

烟雾保持时间	50～90秒
总重	538克

▲ M18烟幕弹燃烧时的场景

▼ 在水下使用的M18烟幕弹

美国 M18A1 阔刀地雷

M18A1阔刀地雷是美军于20世纪60年代所研发制造的定向人员杀伤地雷（也称反步兵地雷），目前除美军使用外，还有数十个国家在使用，其中包括澳大利亚、柬埔寨和英国等。

M18A1的弧形、凸面的方形外壳能让人很容易就辨别出来。M18A1还具有精准而简易的瞄准具，主要的引爆方式为绊发或电缆控制。

M18A1内部有预制的破片沟痕，因此在爆炸时碎片可向沟痕的方向飞出，再加上其内置的钢珠，爆炸时可以造成极大伤害。M18A1的杀伤范围包括前方50米以60度广角飞出的扇形范围。其钢珠的最远射程可达250米，同时具有100米左右的中度杀伤范围。M18A1具有极佳的防水性，浸泡于盐水或淡水中2小时之后仍能正常使用。

英文名称：	M18A1 Claymore Mine
研制国家：	美国
服役时间：	20世纪60年代至今
主要用户：	美国、英国

Special Warfare Equipment ★★☆

基本参数	
全长	215.9毫米
全高	81.28毫米
全宽	35.56毫米
总重	1.58千克

▲ M18A1地雷爆炸时场景

▼ 美军士兵正在设置M18A1地雷

美国 M224 迫击炮

M224是一种由美军开发与生产的前装式滑膛迫击炮,主要用于为地面部队提供近距离的炮火支援。

M224迫击炮可以分解为炮筒、支架、底座和光学瞄准系统等部分,可以由单手握持或在支座上进行发射。M224的握把上还附有扳机,当发射角度过小,依靠炮弹自身重量无法触发引信时,就可以使用扳机来手动发射炮弹。

M224迫击炮最大射程为3500米,最小射程50米,足以为连级部队提供可观的火力支持,M224能够发射M720型高爆弹、M721型照明弹、M722型烟幕弹以及M723型烟幕弹等。

Special Warfare Equipment

英文名称:	M224 Mortar
研制国家:	美国
服役时间:	1978年至今
主要用户:	美国

基本参数

口径	60毫米
全长	1000毫米
总重	21.1千克
最大射速	30发/分
供弹方式	手动
有效射程	70～3490米

▲ 准备为M224装弹的美军士兵

▼ 美军士兵在安装固定M224迫击炮

瑞典 RBS 70 便携式防空导弹

RBS 70便携式防空导弹由瑞典博福斯防务公司研制于20世纪70年代,从1977年开始服役至今。

RBS 70发射装置由装在运输发射箱内的防空导弹(24千克)、制导系统(35千克)、光学瞄准仪(7倍,9度视野)、带可调焦距的激光束生成装置、敌我识别系统(11千克)、电源和三脚架(24千克)组成。还可补充保障系统夜间高效战斗使用的COND热视仪,内有闭循环冷却系统,固定在发射装置上,工作在8~12毫米波段。RBS 70便携式防空导弹系统的所有部件都装配在三脚架上。三脚架上部有装配制导装置、导弹运输发射箱专用的固定节点,下部有射手操纵员座椅。发射装置展开时间为10分钟,导弹重装时间不超过30秒。

英文名称:	
RBS 70 Portable Air Defense Missile	
研制国家:瑞典	
制造厂商:瑞典博福斯防务公司	
重要型号:RBS 90、RBS 70 Mark 1、RBS 70 Mark 2	
服役时间:1977年至今	
主要用户:	
瑞典、新加坡、伊朗、德国等	

Special Warfare
Equipment
★ ★ ☆

基本参数

口径	106毫米
全长	1320毫米
总重	87千克
炮口初速	535米/秒
有效射程	5500米

第4章

载具

特种部队往往需要快速机动到达目标地点或深入敌后,所以他们需要有极强的快速机动能力,可以利用直升机或运输机以及特种作战车辆、特种作战舰艇等快速机动到敌后。有了这些装备的帮助,能让特战队员将战斗力发挥出最高水平,并有效减少特战队员的伤亡。

美国 AH-1 "眼镜蛇" 武装直升机

AH-1武装直升机是美国陆军第一代武装直升机,其发动机、传动装置和旋翼系统与UH-1通用直升机基本相同。AH-1武装直升机的机身为窄体细长流线形,座舱为纵列双座布局,射手在前,驾驶员在后。AH-1武装直升机的座椅、驾驶舱两侧及重要部位都有装甲保护,自密封油箱能耐受23毫米口径机炮射击。该机采用两叶旋翼和两叶尾桨,桨叶由铝合金大梁、不锈钢前缘和铝合金蜂窝后段组成,桨尖后掠。

AH-1武装直升机的主要武器为1门20毫米M197三管机炮(备弹750发),4个武器挂载点可按不同配置方案选挂BGM-71"陶"式、AIM-9"响尾蛇"和AGM-114"地狱火"等导弹,以及不同规格的火箭发射巢和机枪吊舱等。

英文名称:	AH-1 Cobra
研制国家:	美国
制造厂商:	贝尔直升机公司
重要型号:	AH-1G/Q/S/P/E/F
生产数量:	1116架
服役时间:	1967年至今
主要用户:	美国陆军、日本陆上自卫队、以色列空军、土耳其陆军、泰国陆军

Special Warfare
Equipment
★ ★ ☆

基本参数	
机身长度	13.6米
机身高度	4.1米
旋翼直径	14.63米
空重	2993千克
最大速度	277千米/小时
最大航程	510千米

美国 AH-6 "小鸟" 武装直升机

AH-6 武装直升机是一种单引擎轻型武装直升机，最初是以OH-6 "小马"侦察直升机为基础改良而来，后期版本则以民用的MD 500E直升机为发展蓝本。该机的衍生型较多，如对地攻击、指挥控制、侦察、反潜、运兵、训练、救援和后勤支援等。

为了便于运输，AH-6武装直升机的尾梁可折叠。AH-6系列直升机的发动机有多种不同型号，从AH-6C使用的309千瓦的艾利森250-C20B涡轮轴发动机，到AH-6M使用的478千瓦的艾利森250-C30R/3M发动机，均有不俗的动力性能。AH-6武装直升机可以搭载的武器种类较多，包括7.62毫米机枪、30毫米机炮、70毫米火箭发射巢、"陶"式反坦克导弹等，甚至还能挂载"毒刺"导弹进行空战。

英文名称：	AH-6 Little Bird
研制国家：	美国
制造厂商：	休斯直升机公司
重要型号：	AH-6C/F/G/J/M/X
生产数量：	1420架
服役时间：	1980年至今
主要用户：	美国陆军、马来西亚陆军、韩国陆军

Special Warfare Equipment

基本参数	
机身长度	9.8米
机身高度	3米
旋翼直径	8.3米
空重	722千克
最大速度	282千米/小时
最大航程	430千米

美国UH-1"伊洛魁"通用直升机

UH-1通用直升机是一种军用中型通用直升机，采用单发单旋翼带尾桨布局，尾桨装在尾斜梁左侧。机身为普通全金属半硬壳式结构，由两根纵梁和若干隔框及金属蒙皮组成。机身分前后两段，前段是主体，后段是尾梁。起落架是十分简洁的两根杆状滑橇。机身左右开有大尺寸舱门，便于人员及货物的上下。机内装有全套全天候飞行仪表、多通道高频收发报机、仪表着陆指示器、甚高频信标接收机和C-4导航罗盘等电子设备。

UH-1通用直升机可采用多种武器，常见为2挺7.62毫米M60机枪、或2挺7.62毫米GAU-17机枪，加上两具7发或19发91.67毫米火箭吊舱。该机早期型号装有一台T53-L-11涡轮轴发动机，起飞功率为820千瓦。后期型号换装了T53-L-13B涡轮轴发动机，功率为1045千瓦。

英文名称：	UH-1 Iroquois
研制国家：	美国
制造厂商：	贝尔直升机公司
重要型号：	UH-1A/B/C/D /H/M/N/P/V/Y
生产数量：	16000架以上
服役时间：	1959年至今
主要用户：	美国陆军、日本陆上自卫队、澳大利亚空军、新西兰空军

基本参数

机身长度	17.4米
机身高度	4.4米
旋翼直径	14.6米
空重	2365千克
最大速度	220千米/小时
最大航程	510千米

美国 UH-72 "勒科塔" 通用直升机

UH-72通用直升机是一种轻型通用直升机，主要用于取代UH-1通用直升机和OH-58侦察直升机。该机的机舱布局比较合理，在执行医疗救护任务时，机舱内可以同时容纳两张担架和两名医疗人员，由于舱门较大，躺着伤员的北约标准担架可以很方便地出入机舱。

UH-72通用直升机具有优异的高海拔/高温性能，在执行人员运输任务时，机舱内可容纳不少于6名全副武装的士兵。另外，机载无线电也是UH-72通用直升机的一大突出优势。该机的机载无线电设备工作频带不仅涵盖国际民航组织规定的通信频率，与各国民航部门进行通信，还能够与军事、执法、消防和护林等单位进行联系。

英文名称	UH-72 Lakota
研制国家	法国、德国
制造厂商	欧洲直升机公司
重要型号	UH-72A/B
生产数量	349架
服役时间	2007年至今
主要用户	美国陆军、美国海军、泰国陆军

Special Warfare Equipment ★★

基本参数	
机身长度	13.03米
机身高度	3.45米
旋翼直径	11米
空重	1792千克
最大速度	269千米/小时
最大航程	685千米

美国CH-46"海骑士"运输直升机

CH-46运输直升机是一种双引擎运输直升机，主要担任物资和人员运输任务，也经常执行一些特种行动。该机装有两台通用电气T58-GE-16发动机，每台功率为1400千瓦。标准座舱布局为2名飞行员、1名机上服务员和25名乘客。舱内有行李架和一个位于后机身下部的行李舱，可装载680千克货物。

CH-46运输直升机是美国海军装备过的直升机中体形较大的一种，独特的前后纵列式螺旋桨设计大大改善了该机的飞行性能，各个方向上的可操控性均比较优秀。另外，这项设计也提高了CH-46运输直升机的安全性能。该机设有尾门，用于海上搜救的时候，尾门还是很方便的跳水平台，便于潜水救生员入水，也便于在水面悬停时把落水人员或者橡皮艇拖上直升机。

英文名称	CH-46 Sea Knight
研制国家	美国
制造厂商	波音公司
重要型号	CH-46A/D/E/F/X
生产数量	524架
服役时间	1964年至今
主要用户	美国海军、加拿大陆军、日本自卫队、瑞典海军、沙特阿拉伯内政部

基本参数

机身长度	13.66米
机身高度	5.09米
旋翼直径	15.24米
空重	5255千克
最大速度	267千米/小时
最大航程	1020千米

美国 OH-58 "奇欧瓦" 侦察直升机

OH-58侦察直升机是一种轻型侦察直升机,后期改进型OH-58D增强了侦察和火力支援能力,变为轻型武装侦察直升机,使用范围得到了扩展,可以单独执行战术侦察任务,也可协同专用武装直升机作战,或为地面炮兵提供侦察、校炮的工作。

OH-58直升机装有滑橇式起落架,机身两侧各有一个舱门,舱内有加温和通风设备。OH-58D沿用了OH-58A的机身,加强了机体结构,以延长其服役寿命。OH-58D采用4叶复合材料主旋翼,机身两侧有全球直升机通用挂架,并装有桅顶瞄准具,能提供非常好的视界。OH-58D可以同时搭载下列四种武器中的两种:2枚AGM-114导弹、2枚AIM-92导弹、7枚70毫米火箭弹、1门12.7毫米M2重机枪。OH-58D在35节阵风下,仍能保持良好的纵向操纵性能。

英文名称:	OH-58 Kiowa
研制国家:	美国
制造厂商:	贝尔直升机公司
重要型号:	OH-58A/B/C/D
生产数量:	2200架
服役时间:	1969年至今
主要用户:	美国陆军、澳大利亚陆军、加拿大空军、沙特阿拉伯空军

Special Warfare Equipment
★★☆

基本参数	
机身长度	12.39米
机身高度	2.29米
旋翼直径	10.67米
空重	1490千克
最大速度	222千米/小时
最大航程	556千米

美国 SH-2 "海妖" 舰载直升机

SH-2舰载直升机是一种全天候多用途舰载直升机，可执行反潜、搜救和观察等任务。该机采用全金属半硬壳式结构，具备防水功能，能漂浮的机腹内有主油箱。旋翼桨叶有4片，可人工折叠。旋翼桨毂由钛合金制成，旋翼桨叶为全复合材料，桨叶与桨毂固定连接。这种旋翼系统振动小，可靠性高，维护简单。尾桨桨叶为4片。起落架为后三点式，主起落架为双机轮，可向前收起。后起落架为单机轮，不可收放。

SH-2舰载直升机有3名机组人员，包括驾驶员、副驾驶员/战术协调员、探测设备操作员。该机可携带2枚Mk 46鱼雷或Mk 50鱼雷，每侧舱门外可安装1挺7.62毫米机枪。动力装置为两台通用电气公司的T700-GE-401涡轮轴发动机，并列安装在旋翼塔座两侧，单台功率为1285千瓦。

英文名称：	SH-2 Seasprite
研制国家：	美国
制造厂商：	卡曼飞机公司
重要型号：	SH-2D/F/G
生产数量：	184架
服役时间：	1962年至今
主要用户：	美国海军、新西兰空军

Special Warfare
Equipment
★ ★ ★

基本参数	
机身长度	15.9米
机身高度	4.11米
旋翼直径	13.41米
空重	2767千克
最大速度	261千米/小时
最大航程	1080千米

美国 SH-3 "海王" 舰载直升机

SH-3舰载直升机是研制的双引擎中型多用途直升机,可执行反潜、反舰、搜救、运输、通信等任务。该机的任务装备非常广泛,典型的有4枚鱼雷、4枚水雷或2枚"海鹰"反舰导弹,用于保护航母战斗群。在担任救援任务时,可以搭载22名生还者,或9具担架和2名医护人员,运兵时可以搭载22名全副武装的士兵。

SH-3舰载直升机在机身的顶部并列安装了两台T58-GE-8B涡轮轴发动机,旋翼和尾桨都为5片。机身为矩形截面,就算落入水中也能防水一段时间。机身左右两侧各设一具浮筒以增加横侧稳定性,后三点式起落架能够收入浮筒及机身尾部。舱内可以放搜索设备或人员物资,机身侧面设有大型舱门方便装载,外吊挂能力高达3630千克。

英文名称:	SH-3 Sea King
研制国家:	美国
制造厂商:	西科斯基飞机公司
重要型号:	SH-3A/D/G/H
生产数量:	400架以上
服役时间:	1961年至今
主要用户:	美国海军、美国空军、意大利海军、巴西海军、马来西亚空军

Special Warfare
Equipment
★ ★ ☆

基本参数	
机身长度	16.7米
机身高度	5.13米
旋翼直径	19米
空重	5382千克
最大速度	267千米/小时
最大航程	1000千米

美国 V-22 "鱼鹰" 倾转旋翼机

V-22倾转旋翼机是一种将固定翼飞机和直升机特点融为一体的新型飞行器，具有速度快、噪声小、振动小、航程远、载重量大、耗油率低、运输成本低等优点，但也有技术难度高、研制周期长、气动特性复杂、可靠性及安全性低等缺陷。

V-22倾转旋翼机的机翼两端各有一个可变向的旋翼推进装置，包含劳斯莱斯T406涡轮轴发动机及由3片桨叶所组成的旋翼，整个推进装置可以绕机翼轴由朝上与朝前之间转动变向，并能固定在所需方向，因此能产生向上的升力或向前的推力。当V-22倾转旋翼机的推进装置垂直向上，产生升力，便可像直升机一样垂直起飞、降落或悬停。在起飞之后，推进装置可转到水平位置产生向前的推力，像固定翼螺旋桨飞机一样依靠机翼产生升力飞行。

英文名称：	V-22 Osprey
研制国家：	美国
制造厂商：	贝尔直升机公司、波音公司
重要型号：	V-22A、CV-22B、MV-22B
生产数量：	400架以上
服役时间：	2007年至今
主要用户：	美国空军、美国海军陆战队、日本自卫队、以色列空军

Special Warfare Equipment

★ ★ ☆

基本参数

机身长度	17.48米
机身高度	6.73米
翼展	13.97米
空重	14432千克
最大速度	565千米/小时
最大航程	1628千米

▲ V-22倾转旋翼机侧后方视角

▼ V-22倾转旋翼机侧面视角

美国CH-47"支奴干"直升机

  CH-47的两个纵列旋翼安置在机身上方，两台发动机则外置于机身后部，发动机通过一条安装在机身顶部的传动轴驱动前旋翼，这样的设计使得CH-47的机舱和外挂点不受机体结构影响，机舱长而平直，3个外挂点也容易布置。

  CH-47可运载33～35名全副武装的士兵，或运载1个炮兵排，还可吊运火炮等大型设备。CH-47具有全天候飞行能力，可在恶劣的高温、高原气候条件下完成任务。CH-47还能进行空中加油，具有远程支援能力，部分型号机身上半部分为水密式隔舱，可在水上起降。CH-47具有一定的抗毁伤能力，其玻璃钢桨叶即使被23毫米穿甲燃烧弹和高爆燃烧弹射中后，仍能安全返回基地。

英文名称	CH-47 Chinook
研制国家	美国
制造厂商	波音公司
重要型号	CH-47A、CH-47B、CH-47C
生产数量	1200架以上
服役时间	1962年至今
主要用户	美国、英国

Special Warfare Equipment
★ ★ ☆

基本参数

机身长度	30.1米
机身高度	5.7米
旋翼直径	18.3米
空重	11148千克
最大速度	315千米/小时
最大航程	2060千米

▲ 夜幕下的CH-47"支奴干"直升机

▼ CH-47"支奴干"直升机吊装装甲车

美国 UH-60"黑鹰"直升机

UH-60"黑鹰"直升机是美国西科斯基公司生产的一种中型通用/攻击直升机,是美军目前使用最为普遍的一种军用直升机,其型号十分复杂,在美国各个军种中都有服役。

UH-60A最初安装固定式后掠平尾,导致直升机在升降时机鼻上仰,经过一系列的研究和测试后才改为现在的可下偏平直平尾样式。其生产型还加固了尾轮,修改了机身与发动机间的整流外形。旋翼和尾桨都是4叶的,尾桨由碳纤维-环氧树脂复合材料制成,可承受23毫米炮弹的攻击。垂尾下方有平直的飞行稳定尾翼,在低速飞行和悬停时平尾下偏,以避免影响直升机。

"黑鹰"系列直升机可以完成多种不同任务,包括战术人员运输、电子战和空中支援等,有几架VH-60N"黑鹰"甚至被用作美国总统专机。在执行空中突袭任务时,"黑鹰"直升机可以装载11名士兵和相应装备,或者一次同时装载一具105毫米M102榴弹炮、30发105毫米弹药和4名炮手。"黑鹰"直升机还装备有先进的航空电子系统,以增强它的战地生存能力和性能。

英文名称:	UH-60 Black Hawk
研制国家:	美国
制造厂商:	西科斯基公司
重要型号:	CH-60E、UH-60L、UH-60M
生产数量:	5000架以上
服役时间:	1979年至今
主要用户:	美国、澳大利亚

Special Warfare Equipment
★ ★ ☆

基本参数

机身长度	19.76米
机身高度	5.13米
空重	4819千克
最大速度	357千米/小时
最大航程	2220千米

▲ 正在进行空中加油的UH-60直升机

▼ UH-60直升机驾驶舱内部

美国 AH-64 "阿帕奇" 直升机

AH-64 是全天候双座攻击直升机，引擎是两具通用电气T700涡轮轴发动机，安装在旋转轴的两旁。座位一前一后，主驾驶员在后上方，副驾驶员兼火炮瞄准手在前方。驾驶员座位的装甲可以承受俄制ZSU-23机炮的射击。

AH-64乘员可使用整合于头盔中的夜视系统，在夜间和恶劣气候条件下作战。同时AH-64还配备了先进的航空电子设备，包括目标识别瞄准系统/飞行员夜视系统，以及被动式的雷达与红外线反制装置和GPS等。

AH-64A的机首下方装有一门M-203E-1 30毫米单管链炮，M-203采用简单的封闭回路驱动，其射速最大可达1000发/分，主要弹种为M-789高爆穿甲双用途杀伤弹，可击穿轻装甲车或主战坦克较为薄弱的两侧与顶部。AH-64A的机身两侧各有一个短翼，每个短翼上各有两个挂载点，每个挂载点能挂载一具M-261型19联装70毫米"海蛇怪"-70火箭发射器。

英文名称:	AH-64 Apache
研制国家:	美国
制造厂商:	波音公司
重要型号:	AH-64A、AH-64B、AH-64C
生产数量:	5000架以上
服役时间:	1986年至今
主要用户:	美国、以色列

Special Warfare Equipment

基本参数

机身长度	17.73米
机身高度	3.87米
旋翼直径	14.63米
空重	5165千克
最大速度	293千米/小时
最大航程	1900千米

▲ AH-64"阿帕奇"直升机低空巡航

▼ 美国AH-64"阿帕奇"直升机

美国 CH-53"海上种马"运输直升机

CH-53直升机是美国西科斯基公司研制的军民两用双发重型运输直升机,绰号"海上种马"。CH-53直升机是美海军直升机部队的重要组成部分,承担了大量的两栖运输任务,常被布置在海军的两栖攻击舰上。它是美海军陆战队由舰到陆的主要突击力之一。

CH-53采用两台T64-GE-413涡轴发动机。单一主旋翼加尾桨的普通布局,机舱呈长立方体形状,剖面为方形,有多个侧门和一个大型放倒尾门方便装卸工作。旋翼有6片全铰接式铝合金桨叶,可以折叠。尾桨由4片铝合金桨叶组成。驾驶舱可容纳3名空勤人员,座舱可容纳37名全副武装士兵或24副担架,外加4名医务人员。CH-53是美军少数能在低能见度条件下借助机上设备在标准军用基地自行起降的直升机之一。

英文名称:	CH-53 Sea Stallion
研制国家:	美国
制造厂商:	西科斯基公司
重要型号:	CH-53D
服役时间:	1966年至今
主要用户:	美国

Special Warfare Equipment ★ ★ ★

基本参数	
机身长度	26.97米
机身高度	7.6米
旋翼直径	22.01米
空重	10740千克
最大速度	315千米/小时
最大航程	1000千米

苏联/俄罗斯 伊尔-76"耿直"运输机

伊尔-76运输机是一种四引擎中远程运输机，机身为全金属半硬壳结构，截面基本呈圆形。机头呈尖锥形，机舱后部装有两扇蚌式大型舱门，货舱内有内置的大型伸缩装卸跳板。机头最前部为安装有大量观察窗的领航舱，其下为圆形雷达天线罩。该机采用悬臂式上单翼，不阻碍机舱空间。

伊尔-76运输机在设计上十分重视满足军事要求，翼载荷低，展弦比大，有完善的增升装置，并装有起飞助推器，起落架支柱短粗、结实，采用多机轮和胎压调节装置。方便有效的随机装卸系统，全天候飞行设备，空勤人员配备齐全等，使飞机不依赖基地的维护支援，可以独立在野外执行任务。据统计，伊尔-76运输机的每吨千米使用成本比An-12运输机低40%以上。

英文名称：	IL-76 Candid
研制国家：	苏联
制造厂商：	伊留申设计局
重要型号：	Il-76/76D/76K/76M/76MF
生产数量：	970架以上
服役时间：	1974年至今
主要用户：	苏联空军、俄罗斯空军、乌克兰空军、印度空军

基本参数

机身长度	46.59米
机身高度	14.76米
翼展	50.5米
空重	70000千克
最大速度	900千米/小时
最大航程	9300千米

苏联/俄罗斯 An-12 "幼狐" 运输机

An-12运输机是一种四引擎运输机,由An-10客机发展而来,但重新设计了后机身和机尾。该机有多种型别,其中An-12BP是标准军用型;An-12客货混合型,主要用于民航运输;An-12电子情报搜集机,机身下两侧增加4个泡形雷达整流罩;An-12电子对抗型,机头和垂尾内增加了电子设备舱;An-12北极运输型,主要适用于北极雪地和高寒地带,机身下装有雪上滑橇,载重性能与标准型一样。

An-12系列的动力装置为4台伊夫钦科AI-20涡轮螺旋桨发动机,单台功率为3000千瓦。该机曾是苏联运输航空兵的主力,从1974年起逐渐被IL-76运输机取代。服役期间,An-12运输机曾参与了苏军的历次重大战斗行动,包括阿富汗战争。

英文名称	An-12 Cub
研制国家	苏联
制造厂商	安东诺夫设计局
重要型号	An-12BP/12/12/12/
生产数量	1248架
服役时间	1959年至今
主要用户	苏联空军、俄罗斯空军、白俄罗斯空军、波兰空军

Special Warfare Equipment ★★☆

基本参数	
机身长度	33.1米
机身高度	10.53米
翼展	38米
空重	28000千克
最大速度	777千米/小时
最大航程	5700千米

苏联/俄罗斯 An-124"秃鹰"运输机

An-124运输机是一种四引擎远程运输机，其机腹贴近地面，机头、机尾均设有全尺寸货舱门，分别向上和向左右打开，货物能从贯穿货舱中自由出入。该机的货舱分为上下两层。上层舱室较狭小，除6名机组人员和1名货物装卸员外，还可载88名乘客。下层主货舱容积为1013.76立方米，载重可达150吨。货舱顶部装有2个起重能力为10吨的吊车，地板上还另外有2部牵引力为3吨的绞盘车。

An-124运输机的动力装置为4台普罗格雷斯D-18T涡扇发动机，单台推力为229.5千牛。1985年，An-124运输机创下了载重171219千克物资，飞行高度10750米的世界纪录，打破了由美国C-5运输机创造的原世界纪录。此外，An-124运输机还拥有其他多项世界纪录。

英文名称：	An-124 Condor
研制国家：	苏联
制造厂商：	安东诺夫设计局
重要型号：	An-124/124-100/124-130
生产数量：	57架
服役时间：	1986年至今
主要用户：	苏联空军、俄罗斯空军

Special Warfare Equipment
★★☆

基本参数	
机身长度	68.96米
机身高度	20.78米
翼展	73.3米
空重	175000千克
最大速度	865千米/小时
最大航程	5200千米

苏联／乌克兰 An-225 "哥萨克" 运输机

An-225运输机是一种六引擎重型运输机，目前仍保持着最大运输机与飞机的世界纪录。该机最初是为了作为运输火箭用途而设计，货舱形状非常平整，整个货舱全长43.51米，最大宽度6.68米，货舱底板宽度6.40米，最大高度4.39米。为了方便巨大货物进出，An-225运输机与大部分大型货机一样，采用可以向上打开的"掀罩"机头，并把驾驶舱设在主甲板上方的二楼处。

An-225运输机的货舱内可装载16个集装箱，大型航空航天器部件和其他成套设备，如天然气、石油、采矿、能源等行业的大型成套设备和部件。机身背部能负载超长尺寸的货物，如直径7～10米、长20米的精馏塔、俄罗斯的"能源"号航天器运载火箭和"暴风雪"号航天飞机。

英文名称：	An-225 Cossack
研制国家：	苏联
制造厂商：	安东诺夫设计局
重要型号：	An-225
生产数量：	1架
服役时间：	1989年至今
主要用户：	苏联、乌克兰

Special Warfare
Equipment
★ ★ ☆

基本参数	
机身长度	84米
机身高度	18.1米
翼展	88.4米
空重	175吨
最大速度	850千米/小时
最大航程	15400千米
最大载重	250吨

苏联/俄罗斯米-8"河马"运输直升机

米-8直升机是一种中型直升机，外销超过80个国家。机身结构为传统的全金属截面半硬壳短舱加尾梁式结构，分前机身、中机身、尾梁和带有固定平尾的尾斜梁，主要材料为铝合金，尾部使用了一些钛合金和高强度钢。机身前部为驾驶舱，驾驶舱可容纳正、副驾驶员和随机机械师。驾驶舱每侧都有可向后滑动的大舱门，驾驶室风挡装有电加温的硅酸盐玻璃，顶棚上还有检查发动机的舱口。

米-8直升机的武装型可以加装各种武器。一般在两侧加挂火箭弹发射器，每个发射器内装57毫米火箭弹16枚，共128枚。机头可以加装12.7毫米机枪，也可在挂架上加挂共192枚火箭和4枚"斯瓦特"红外制导反坦克导弹（AT-2），或换装6枚"萨格尔"反坦克导弹（AT-3）。

英文名称：	Mi-8 Hip
研制国家：	苏联
制造厂商：	米里设计局
重要型号：	Mi-8/8T/8R/8K/8MSB
生产数量：	17000架以上
服役时间：	1967年至今
主要用户：	苏联空军、俄罗斯空军、立陶宛空军、印度空军、波兰空军

Special Warfare Equipment

基本参数	
机身长度	18.17米
机身高度	5.65米
旋翼直径	21.29米
空重	7260千克
最大速度	260千米/小时
最大航程	450千米

苏联/俄罗斯米-24"雌鹿"武装直升机

米-24直升机绰号"雌鹿",它的主要任务是为己方坦克部队开辟前进通道,清除防空火力和各种障碍,压制空降区敌人的先头部队。随着长期的训练提升,米-24直升机不仅可以当作有效的反坦克武器,还可以作为空战中消灭敌方直升机的有效手段。

米-24机身为全金属半硬壳式结构,驾驶舱为纵列式布局。后座比前座高,驾驶员视野较好。主舱设有8个可折叠座椅,或4个长椅,可容纳8名全副武装的士兵。该机的主要武器为1挺12.7毫米"加特林"四管机枪,另有4个武器挂载点可挂载4枚AT-2"蝇拍"反坦克导弹或128枚57毫米火箭弹。此外,还可挂载1500千克化学或常规炸弹,以及其他武器。米-24的机身装甲很强,可以抵抗12.7毫米口径子弹攻击。

英文名称:	Mi-24 Hind
研制国家:	苏联
制造厂商:	米里设计局
重要型号:	Mi-24A、Mi-24B、Mi-24U
生产数量:	2600架以上
服役时间:	1972年至今
主要用户:	苏联、俄罗斯、印度

Special Warfare Equipment
★ ★ ☆

基本参数	
机身长度	17.5米
机身高度	6.5米
旋翼直径	17.3米
空重	8500千克
最大速度	335千米/小时
最大航程	450千米

苏联/俄罗斯米-26"光环"通用直升机

米-26是米里设计局研制的重型运输直升机,北约代号"光环"(Halo)。

米-26直升机具有极其明显的军事用途,它的最大内载和外挂载荷为20吨,相当于美国洛克希德公司C-130"大力士"运输机的载荷能力。另外,米-26直升机的飞行设备齐全,能满足全天候飞行需要。

米-26是第一架旋翼叶片达8片的重型直升机,有两台发动机并实施载荷共享。它的空重28200千克,却能吊运20吨的货物。米-26货舱空间巨大,如用于人员运输可容纳80名全副武装的士兵或60张担架床及4~5名医护人员。货舱顶部装有导轨并配有两个电动绞车,起吊质量为5吨。

英文名称	Mi-26 Halo
研制国家	苏联
制造厂商	米里设计局
生产数量	300架以上
服役时间	1985年至今
主要用户	苏联、俄罗斯、委内瑞拉

Special Warfare Equipment ★★☆

基本参数	
机身长度	40.03米
机身高度	8.15米
旋翼直径	32米
空重	28200千克
最大速度	295千米/小时
最大航程	1920千米

俄罗斯米-28"浩劫"直升机

米-28是米里设计局研发的单旋翼带尾桨全天候纵列双座武装直升机。

米-28使用了大量先进技术,在机身中部装有小展弦比悬臂式短翼,前缘后掠,主翼盒结构用轻合金材料制造,前后缘采用复合材料。机身为传统的全金属半硬壳式结构,机身较细长。驾驶舱四周配有完备的钛合金装甲,前驾驶舱为领航员兼射手,后驾驶舱为驾驶员。两片桨叶的尾桨安装在垂直安定面的右边,后三点式起落架不可收放。

米-28最大负载可达2.4吨,机上的固定武器是机首下方的一座2A42机炮,此炮性能可靠、威力强大,其对空最高射速为每分钟900发,对地最高射速为每分钟300发。米-28共有4个挂载架,可挂载空对空导弹、反坦克导弹、对地火箭、布雷系统等,可满足不同任务需求。

英文名称:	Mi-28 Havoc
研制国家:	俄罗斯
制造厂商:	米里设计局
重要型号:	Mi-28H、Mi-28N
生产数量:	120架以上
服役时间:	1996年至今
主要用户:	俄罗斯、委内瑞拉

Special Warfare Equipment

基本参数

机身长度	17.01米
机身高度	3.82米
旋翼直径	17.2米
空重	8100千克
最大速度	325千米/小时
最大航程	1100千米

俄罗斯米-35"雌鹿"E武装直升机

米-35直升机是一种中型通用直升机,其驾驶座舱采用经典的串列布局,并受防弹玻璃保护,油箱采用防渗漏技术,战场生存能力十分突出。该机采用5片矩形桨叶旋翼,垂尾式的尾斜梁,尾桨为3片桨叶,起落架为前三点式可收放轮式。米-35直升机的突出特点是有一个可容纳8名人员的货舱,最大起飞重量超出米-8直升机武装型1倍。

米-35直升机的机头装有可旋转的4管12.7毫米机枪塔,其射速高达1分钟4500发,能有效杀伤地面人员和轻装甲目标。短翼挂装串联装药的AT-9型反坦克导弹破甲厚度达800毫米,可轻易击穿反应装甲。此外,米-35直升机还可挂装火箭发射巢和自动榴弹发射器等武器。

英文名称	Mi-35 Hind-E
研制国家	俄罗斯
制造厂商	米里设计局
重要型号	Mi-35/35M
生产数量	20架以上
服役时间	2004年至今
主要用户	俄罗斯空军

基本参数

机身长度	18.8米
机身高度	6.5米
旋翼直径	17.1米
空重	8200千克
最大速度	330千米/小时
最大航程	500千米

苏联/俄罗斯卡-25"激素"反潜直升机

卡-25是卡莫夫设计局研制的反潜直升机,北约代号"激素"(Hormone)。

卡-25采用两副共轴反转三片桨叶旋翼,桨叶可自动折叠,采用吊舱加尾梁式机体,不可收放四点式起落架。机轮周围可安装充气浮囊,可提供水上漂浮能力。驾驶舱内有正、副驾驶员座椅。反潜时机舱载2~3名系统操作员,载客时容纳12个折叠座椅。动力装置(后期型)为2台TTA-3BM涡轴发动机,并排装在舱顶旋翼主轴前方,单台功率738千瓦。卡-25直升机除具备一般反潜直升机的功能以外,它的机轮周围还可安装充气浮囊,以提供水上漂浮能力。

英文名称:	Ka-25 Hormone
研制国家:	苏联
制造厂商:	卡莫夫设计局
重要型号:	Ka-25BSh、Ka-25T
生产数量:	约460架
服役时间:	1963年至今
主要用户:	苏联、俄罗斯

Special Warfare
Equipment
★ ★ ★

基本参数	
机身长度	9.75米
机身高度	5.37米
旋翼直径	15.7米
空重	4765千克
最大速度	209千米/小时
最大航程	400千米

苏联/俄罗斯卡-27"蜗牛"反潜直升机

卡-27直升机是由苏联卡莫夫(Kamov)设计局研制，北大西洋公约组织称为"蜗牛"（Helix）。它是一种共轴反转双旋翼直升机，也是一种双发动机多用途军用直升机。

卡-27直升机机身采用传统的半硬壳式结构，机身两侧带有充气浮筒，紧急情况下可在水上降落。为适应在海上使用，机身材料采用抗腐蚀金属。由于共轴双旋翼的先进性能，卡-27的升重比高，总体尺寸小，机动性好，易于操纵。此外，卡-27的零件要比传统设计的直升机少1/4，且大多数与俄罗斯陆基直升机相同。卡-27装有1枚406毫米自导鱼雷，1枚火箭弹，10枚PLAB 250-120炸弹和2枚OMAB炸弹。该机的动力装置为2台TV3-117V涡轮轴发动机，单台功率为1660千瓦。

英文名称：	Ka-27 Helix
研制国家：	俄罗斯
制造厂商：	卡莫夫设计局
重要型号：	Ka-27K、Ka-27PL
服役时间：	1982年至今
主要用户：	苏联、俄罗斯、印度

基本参数

机身长度	11.3米
机身高度	5.5米
旋翼直径	15.8米
空重	6500千克
最大速度	270千米/小时
最大航程	980千米

苏联/俄罗斯卡-29"蜗牛"B通用直升机

卡-29直升机是卡莫夫设计局研制的共轴式双旋翼武装运输、战斗突击直升机,绰号"蜗牛"。该机由卡-27反潜直升机改进而来。它是海军在离岛登陆作战、实施对地攻击和武装运输的一款利器。

卡-29直升机有强力装甲,能保证其在战场中有足够的生存能力。机上乘员座位为并排双座,从而降低了直升机的侧面尺寸,不仅减少了侧面受弹面积,而且有利于两名乘员的动作协调。

卡-29为共轴双旋翼,旋翼直径较小,非常适合进驻空间较小的舰艇。由于不需要平衡用的尾桨,全机尺寸也大大缩短。共轴双旋翼还可使运动时所引起的振动互相抵消,其振动水平很低,对瞄准和准确射击十分有利,并可延长机体和设备的寿命。该机装有先进和完备的观察通信和火控设备,可在昼夜复杂的气象条件下活动。

英文名称	Ka-29 Snail B
研制国家	苏联
制造厂商	卡莫夫设计局
重要型号	Ka-29TB、Ka-29RLD
生产数量	59架
服役时间	1986年至今
主要用户	苏联、俄罗斯、委内瑞拉

Special Warfare Equipment

基本参数	
机身长度	15.9米
机身高度	5.4米
旋翼直径	15.5米
空重	5520千克
最大速度	280千米/小时
最大航程	440千米

俄罗斯卡-50"黑鲨"武装直升机

卡-50武装直升机绰号"黑鲨",它具有与众不同的独特结构,拥有三个世界第一:世界第一架采用单人座舱的武装直升机,第一架采用同轴反转旋翼的武装直升机,第一架装备弹射救生座椅的直升机。它可用于执行反舰、反潜、搜索和救援、电子侦察等任务,是俄罗斯第一型专用攻击直升机,也是世界上第一种共轴双三桨旋翼攻击直升机,依照世界各国直升机划代标准属于第三代的级别。

卡-50直升机由于采用共轴反转旋翼布局,不再需要尾桨,从而省去了尾桨和一整套尾桨传动和操纵装置,大大提高了卡-50的战地生存力。它的机身较窄,具有很好的流线型,机头前部装有皮托管和为火控计算机提供数据的传感器。

英文名称:	Ka-50 Black Shark
研制国家:	俄罗斯
制造厂商:	卡莫夫设计局
重要型号:	Ka-50N、Ka-50SH
生产数量:	约25架
服役时间:	1995年至今
主要用户:	俄罗斯、埃及

Special Warfare Equipment

基本参数	
机身长度	13.5米
机身高度	5.4米
旋翼直径	14.5米
空重	7800千克
最大速度	350千米/小时
最大航程	1160千米

俄罗斯卡-52"短吻鳄"武装直升机

卡-52武装直升机最显著的特点是采用了并列双座布局的驾驶舱,而传统的武装直升机都为串列双座布局。卡-52与卡-50的最明显区别是座舱设置了第二乘员位置,这大大提升了直升机的功能。第二乘员可保障实施侦察或电子对抗,搜索和识别远距离目标,能在任何时间和任何天气条件下指示并区分目标,从而协调与地面部队及攻击机的行动,以及其他任务。

卡-52有85%的零部件与已经批量生产的卡-50直升机通用。卡-52装有一门不可移动的23毫米机炮,短翼下的4个武器挂架可挂载12枚超音速反坦克导弹,也可安装4个火箭发射巢。为消灭远距离目标,卡-52还可挂X-25MJI空对地导弹或P-73空对空导弹等。该机的动力装置为2台TB3-117 BMA涡轴发动机,单台功率为1470千瓦。

英文名称:	Ka-52 Alligator
研制国家:	俄罗斯
制造厂商:	卡莫夫设计局
服役时间:	1996年至今
主要用户:	俄罗斯

基本参数

机身长度	15.96米
机身高度	4.93米
旋翼直径	14.43米
空重	8300千克
最大速度	310千米/小时
最大航程	1100千米

俄罗斯卡-60"逆戟鲸"通用直升机

卡-60直升机是一种双引擎多用途直升机,它放弃了卡莫夫设计局传统的共轴反转旋翼布局,总体布局为4片桨叶旋翼和涵道式尾桨布局,可收放式三点吸能起落架。该机有完美的空气动力外形,每侧机身都开有大号舱门,尾桨有11片桨叶。座舱内的座椅具有吸收撞击能量的能力。

卡-60直升机可以负担攻击、巡逻、搜索、救援行动、医疗后送、训练、伞兵空投和空中侦察等多种任务,其座舱可搭载12~14名乘客,要人专机布局时安装5个座椅。该机早期型号的动力装置为2台诺维科夫设计局TVD-1500涡轮轴发动机,单台功率为970千瓦。后期的卡-60R改装两台劳斯莱斯RTM322涡轴发动机,单台功率为1395千瓦。

英文名称:	Ka-60 Kasatka
研制国家:	俄罗斯
制造厂商:	卡莫夫设计局
重要型号:	Ka-60/60U/60K/60R
生产数量:	2架
首飞时间:	1998年
主要用户:	俄罗斯空军

基本参数

机身长度	15.6米
机身高度	4.6米
旋翼直径	13.5米
最大起飞重量	6500千克
最大速度	300千米/小时
最大航程	615千米

英国"灰背隼"通用直升机

"灰背隼"直升机是一种中型通用直升机，机身结构由传统和复合材料构成，设计上尽可能采用多重结构式设计，主要部件在受损后仍能起作用。"灰背隼"直升机各个型号的机身结构、发动机、基本系统和航空电子系统基本相同，主要区别在于执行不同任务时所需的特殊设备。

"灰背隼"直升机具有全天候作战能力，可用于运输、反潜、护航、搜索救援、空中预警和电子对抗等。执行运输任务时，"灰背隼"直升机可装载两名飞行员和35名全副武装的士兵，或者16副担架加一支医疗队。"灰背隼"直升机的动力装置为3台劳斯莱斯RTM322-01涡轮轴发动机，单台功率为1566千瓦。

英文名称：	Merlin
研制国家：	英国、意大利
制造厂商：	韦斯特兰、阿古斯塔
重要型号：	M110/111/112/410/500/611
生产数量：	150架以上
服役时间：	1999年至今
主要用户：	英国空军、英国海军、意大利海军、丹麦空军

Special Warfare Equipment

基本参数	
机身长度	22.81米
机身高度	6.65米
旋翼直径	18.59米
空重	10500千克
最大速度	309千米/小时
最大航程	833千米

▲"灰背隼"直升机侧面视角

▼"灰背隼"直升机侧前方视角

英国"山猫"通用直升机

"山猫"直升机是一种双引擎通用直升机，有陆军型和海军型，可用于执行战术部队运输、后勤支援、护航、反坦克、搜索救援、伤员撤退、侦察、指挥、反潜、反舰等任务。该机的座舱为并列双座结构，采用4片桨叶半刚性旋翼和4片桨叶尾桨，旋翼桨叶可人工折叠，海军型的尾斜梁也可人工折叠。陆军型着陆装置为不可收放管架滑橇，海军型为不可收放前三点式起落架。

"山猫"直升机速度快、机动灵活，易于操纵和控制。该机的座舱可容纳1名驾驶员和10名武装士兵。舱内可载货物907千克，外挂能力为1360千克。在执行武装护航、反坦克和空对地攻击任务时，可以携带20毫米机炮、7.62毫米机枪、68毫米（或80毫米）火箭弹和各种反坦克导弹。海军型可携带鱼雷、深水炸弹或空对舰导弹。

英文名称：	Westland Lynx
研制国家：	英国
制造厂商：	韦斯特兰公司
重要型号：	AH1/5/6/7/9、HAS2/3
生产数量：	450架以上
服役时间：	1978年至今
主要用户：	英国陆军、英国海军、法国海军、德国海军

Special Warfare
Equipment

基本参数	
机身长度	15.16米
机身高度	3.66米
旋翼直径	12.8米
空重	2787千克
最大速度	289千米/小时
最大航程	630千米

▲"山猫"直升机海军型

▼"山猫"直升机陆军型

英国"野猫"通用直升机

"**野猫**"**直升机**是一种双引擎多用途直升机，主要用于反舰、武装保护和反海盗等任务，同时还具备反潜能力。该直升机虽然是在"山猫"直升机的基础上改进而来，但两者的差异极大。"野猫"直升机有95%的零部件是新设计的，仅有5%的零部件可与"山猫"直升机通用，包括燃油系统和主旋翼齿轮箱等。在外形方面，"野猫"直升机的尾桨经过重新设计，耐用性更强，隐身性能也更好。

"野猫"直升机采用两台LHTEC CTS800涡轮轴发动机，单台功率为1016千瓦。该直升机的主要武器为FN MAG机枪（陆军版）、CRV7制导火箭弹和泰利斯公司的轻型多用途导弹。海军版装有勃朗宁M2机枪，还可搭载深水炸弹和鱼雷等。

英文名称：	Wildcat
研制国家：	英国
制造厂商：	韦斯特兰公司
重要型号：	AH1、HMA2
生产数量：	200架以上
服役时间：	2014年至今
主要用户：	英国陆军、英国海军、菲律宾海军、韩国海军

基本参数	
机身长度	15.24米
机身高度	3.73米
旋翼直径	12.8米
空重	3300千克
最大速度	311千米/小时
最大航程	777千米

法国"云雀"Ⅲ通用直升机

"云雀"Ⅲ通用直升机是一种单引擎轻型多用途直升机,已被70余个国家采用。该机有SA 316和SA 319两个系列,前者于1961年开始生产,先后有SA 316A、SA 316B和SA 316C等型号。而SA 319是SA 316C的改进型,1971年开始生产,更换了功率更大的发动机。

"云雀"Ⅲ直升机的军用型可以安装7.62毫米机枪或者20毫米机炮,还能外挂4枚AS11或者2枚AS12有线制导导弹,可以攻击装甲车辆或小型舰艇。"云雀"Ⅲ直升机的反潜型安装了磁场异常探测仪,并可携带鱼雷攻击潜艇。此外,还有的"云雀"Ⅲ直升机安装了能起吊175千克重量的救生绞车。

英文名称:	Alouette Ⅲ
研制国家:	法国
制造厂商:	法国宇航公司
重要型号:	SA 316A/B/C、SA 319B
生产数量:	2000架以上
服役时间:	1961年至今
主要用户:	法国陆军、法国空军、法国海军、韩国海军、印度空军、奥地利空军

Special Warfare Equipment

★ ★

基本参数	
机身长度	10.03米
机身高度	3米
旋翼直径	11.02米
空重	1143千克
最大速度	210千米/小时
最大航程	540千米

法国"超黄蜂"通用直升机

"超黄蜂"通用直升机是一种三引擎多用途直升机,曾创造多项直升机世界纪录。该机采用普通全金属半硬壳式机身,船形机腹由水密隔舱构成。主旋翼有6片桨叶,可液压操纵自动折叠。尾桨有5片金属桨叶,与旋翼桨叶结构相似。

"超黄蜂"直升机的驾驶舱内有正、副驾驶员座椅,具有复式操纵机构和先进的全天候设备。G型有5名乘员,有反潜探测、攻击、拖曳、扫雷和执行其他任务用的各种设备。H型可运送30名士兵,内载或外挂5000千克货物,或者携带15副担架和两名医护人员。

英文名称:	Super Frelon
研制国家:	法国
制造厂商:	法国宇航公司
重要型号:	SA 321G/H/F/J/K/L/M
生产数量:	110架以上
服役时间:	1966年至今
主要用户:	法国海军、以色列空军、南非空军、伊拉克空军、利比亚海军

Special Warfare Equipment
★★☆

基本参数	
机身长度	23.03米
机身高度	6.66米
旋翼直径	18.9米
空重	6863千克
最大速度	249千米/小时
最大航程	1020千米

法国"美洲豹"通用直升机

"美洲豹"通用直升机是一种双引擎中型多用途直升机,有一个相对较高的粗短机身,机身背部并列安装两台透博梅卡"透默"IVC涡轮轴发动机,单台功率为1175千瓦。该机是一种带尾桨的单旋翼布局直升机,旋翼为4片桨叶,尾桨为5片桨叶,起落架为前三点固定式。

"美洲豹"直升机可视要求搭载导弹、火箭弹,或在机身侧面与机头分别装备20毫米机炮及7.62毫米机枪。该机的主机舱开有侧门,可装载16名武装士兵或8副担架加8名轻伤员,也可运载货物,机外吊挂能力为3200千克。

英文名称:Puma
研制国家:法国
制造厂商:法国宇航公司
重要型号: SA 330A/B/C/E/F/G/H/J/L/S
生产数量:700架以上
服役时间:1968年至今
主要用户:法国陆军、英国空军、罗马尼亚空军、黎巴嫩空军

基本参数

机身长度	18.15米
机身高度	5.14米
旋翼直径	15米
空重	3536千克
最大速度	257千米/小时
最大航程	580千米

法国"小羚羊"通用直升机

"小羚羊"直升机是一种单引擎通用直升机,采用三片半铰接式NACA0012翼形旋翼,可人工折叠。尾桨为法国直升机常见的涵道式尾桨,带有桨叶刹车。座舱框架为轻合金焊接结构,安装在普通半硬壳底部机构上。底部结构主要由轻合金蜂窝夹心板和纵向盒等构成。机体大量使用夹心板结构。起落架为钢管滑橇式,可加装机轮、浮筒和雪橇等。

"小羚羊"直升机的固定武器为1门20毫米机炮或2挺7.62毫米机枪,并可携带4枚"霍特"反坦克导弹或2个68毫米(或70毫米)火箭吊舱。"小羚羊"直升机的动力装置为一台透博梅卡"阿斯泰阳"ⅢA涡轮轴发动机,功率为640千瓦。

英文名称:Gazelle	
研制国家:法国	
制造厂商:法国宇航公司	
重要型号: SA 341B/C/D/E、SA 342J/K/L	
生产数量:1700架以上	
服役时间:1973年至今	
主要用户:法国陆军、英国陆军、埃及空军、黎巴嫩空军	

基本参数

机身长度	11.97米
机身高度	3.15米
旋翼直径	10.5米
空重	908千克
最大速度	310千米/小时
最大航程	670千米

法国"海豚"通用直升机

"海豚"通用直升机是一种多用途直升机,其研发工作始于20世纪60年代末,原型机于1972年6月首次试飞。之后陆续发展了SA 360、SA 361等单引擎型,命名为"海豚"。1975年又推出双引擎型SA 365,命名为"海豚"Ⅱ。

"海豚"直升机各个型号之间的差异较大,以SA 365N为例,其可载13名乘客,也可吊挂1600千克货物,并可安装全套反潜反舰武器。而SA 365F是从SA 365N发展而来的反舰型和反潜型,反舰型的机头下悬挂有圆盘状的AGRION-15雷达,机身两侧挂架下可挂载4枚AS 15 TT空对舰导弹,也可挂载2枚AM39"飞鱼"反舰导弹,可攻击15千米外的敌方舰艇;反潜型则带有磁探仪、声呐浮标及2枚自导鱼雷,座舱中可以容纳10人。

英文名称: Dauphin	
研制国家: 法国	
制造厂商: 法国宇航公司	
重要型号: SA 360A/C、SA 361H、SA 365N	
生产数量: 1000架以上	
服役时间: 1976年至今	
主要用户: 法国陆军	

基本参数

机身长度	13.2米
机身高度	3.5米
旋翼直径	11.5米
空重	1580千克
最大速度	315千米/小时
最大航程	675千米

法国"美洲狮"通用直升机

"美洲狮"通用直升机是一种双引擎多用途直升机，动力装置为两台透博梅卡"马基拉"1A1涡轮轴发动机，单台最大应急功率为1400千瓦。进气道口装有格栅，可防止冰、雪等异物进入。该机的旋翼为4片全铰接桨叶，尾桨也是4片桨叶。起落架为液压可收放前三点式，前轮为自定中心双轮，后轮是单轮。

"美洲狮"直升机的机载设备可根据不同的需要灵活调整，陆军型和空军型可安装2门20毫米或2挺7.62毫米机枪，海军型可携带2枚AM39"飞鱼"反舰导弹或2枚轻型鱼雷。

英文名称	Cougar
研制国家	法国
制造厂商	法国宇航公司
重要型号	AS 532UL/AL/SC
生产数量	500架以上
服役时间	1978年至今
主要用户	法国空军、土耳其空军、荷兰空军、西班牙空军、瑞士空军

Special Warfare
Equipment
★ ★ ☆

基本参数	
机身长度	15.53米
机身高度	4.92米
旋翼直径	15.6米
空重	4330千克
最大速度	249千米/小时
最大航程	573千米

法国"黑豹"通用直升机

"黑豹"直升机是在"海豚"Ⅱ直升机的基础上发展而来的多用途直升机,采用碳纤维复合材料涵道尾桨,座舱座椅为防弹座椅,可承受15G重力加速度。为降低红外辐射信号,"黑豹"直升机的机体涂有低红外反射的涂料。为适应贴地飞行,采用了夜视目镜,从而使直升机可以进行夜航。

"黑豹"直升机整个机体可以经受7米/秒垂直下降速度的碰撞,燃油系统能经受14米/秒坠落速度的碰撞。机身两侧的外挂架可携带44枚68毫米火箭弹,2个20毫米机炮吊舱,或8枚R530空对空导弹。反坦克型AS 565CA还可搭载"霍特"反坦克导弹和舱顶瞄准具。

英文名称: Panther	
研制国家: 法国	
制造厂商: 法国宇航公司	
重要型号: AS 565UA/UB/AA/AB/MA/CA	
生产数量: 400架以上	
服役时间: 1984年至今	
主要用户: 法国海军、巴西陆军、印度尼西亚海军、墨西哥海军、以色列空军	

基本参数

机身长度	13.68米
机身高度	3.97米
旋翼直径	11.9米
空重	2380千克
最大速度	306千米/小时
最大航程	875千米

▲ 低空飞行的"黑豹"直升机

▼ "黑豹"直升机侧面视角

法国"小狐"轻型直升机

"小狐"直升机是一种轻型多用途单旋翼直升机,被70余个国家采用。该机的机身使用轻型合成金属材料制造,采用了热力塑型技术。主旋翼有3片桨叶,也采用了合成材料,以便减轻机体重量,同时增加防护力。该机的动力装置为两具法国产1A涡轮轴发动机,持续输出功率达302千瓦。

"小狐"直升机可以装备多种武器系统,以满足多种地域和地形的需求,如法国军队中服役的AS 555AN系列配有20毫米M621机炮、轻型自动寻的鱼雷和"西北风"导弹,还能配备"派龙"挂架以安装火箭弹发射器。

英文名称	Fennec
研制国家	法国
制造厂商	欧洲直升机公司
重要型号	AS 550C2/C3、AS 555AF/AN
生产数量	3150架以上
服役时间	1990年至今
主要用户	法国陆军、法国空军、墨西哥海军、丹麦空军、泰国陆军

Special Warfare Equipment ★★☆

基本参数	
机身长度	10.93米
机身高度	3.34米
旋翼直径	10.69米
空重	1220千克
最大速度	246千米/小时
最大航程	648千米

德国 BO 105 通用直升机

BO 105直升机是一种双引擎多用途直升机，被全球40余个国家和地区采用。机身为普通半硬壳式结构，座舱前排为正、副驾驶员座椅，座椅上有安全带和自动上锁的肩带。后排座椅可坐3～4人，座椅拆除后可装两副担架或货物。座椅后和发动机下方的整个后机身都可用于装载货物和行李，货物和行李的装卸通过后部两个蚌壳式舱门进行。机舱每侧都有一个向前开的铰接式可抛投舱门和一个向后的滑动门。

BO 105直升机可携带"霍特"或"陶"式反坦克导弹，还可选用7.62毫米机枪、20毫米RH202机炮以及无控火箭弹等武器。空战时，还可使用R550"魔术"空对空导弹。

基本参数

英文名称	BO 105
研制国家	德国
制造厂商	伯尔科夫公司
重要型号	BO 105A/C/D/P/M
生产数量	1500架以上
服役时间	1970年至今
主要用户	德国陆军、西班牙陆军、印度尼西亚陆军、菲律宾海军
机身长度	11.86米
机身高度	3米
旋翼直径	9.84米
空重	1276千克
最大速度	242千米/小时
最大航程	575千米

德国 NH90 通用直升机

NH90直升机是一种中型通用直升机，为能在未来严酷的作战环境中担负多种任务，采用了大量高科技。机身由全复合材料制成，隐形性好，抗冲击能力较强。4片桨叶旋翼和无铰尾桨也由复合材料制成，并采用了弹性轴承，可抵御23毫米炮弹攻击。油箱采用了最先进的自封闭式设计，被击中后不容易起火。

NH90直升机的动力装置为两台RTM322-01/9涡轮轴发动机，单台功率为1600千瓦。该机有足够的空间装载各种设备，或安置20名全副武装士兵的座椅，通过尾舱门跳板还可运载2000千克级战术运输车辆。NH90直升机还可携带反舰导弹执行反舰任务，或为其他平台发射的反舰导弹实施导引或中继。

英文名称: NH90	
研制国家: 德国、法国、意大利、荷兰	
制造厂商: 北约直升机工业	
重要型号: NH90 NFH/TTH	
生产数量: 500架以上	
服役时间: 2007年至今	
主要用户: 德国陆军、法国陆军、意大利陆军、荷兰陆军、葡萄牙陆军	

Special Warfare Equipment

★★☆

基本参数	
机身长度	16.13米
机身高度	5.23米
旋翼直径	16.3米
空重	6400千克
最大速度	300千米/小时
最大航程	800千米

▲ NH90直升机在高空飞行

▼ NH90直升机准备降落

德／法"虎"式武装直升机

"虎"式直升机是由德国戴姆勒宇航和法国马特拉宇航（1992年合并为欧洲直升机公司）联合研制生产的四旋翼、双发多任务武装直升机，也是世界上第一种将制空作战纳入设计思想并付诸实施的武装直升机。

"虎"式武装直升机的空中机动性能、续航力、机炮射击精确度均优于AH-64武装直升机等美制武装直升机，它适合进行直升机空战，整体武器筹载虽然不如美制武装直升机，仍足以胜任一般的反坦克、猎杀软性目标或密接支援等任务。而在后勤维持成本上，"虎"式相较于AH-64、AH-1系列则拥有较大的优势。另外，"虎"式直升机还有在核爆、核生化（NBC）污染以及电磁脉冲（EMP）环境下作业的能力。

英文名称：	Tiger Helicopter
研制国家：	德国、法国
制造厂商：	欧洲直升机公司
服役时间：	1997年至今
主要用户：	德国、法国

基本参数

机身长度	14.08米
机身高度	3.83米
旋翼直径	13米
空重	3060千克
最大速度	315千米/小时
最大航程	800千米

南非 CSH-2 "石茶隼" 武装直升机

CSH-2 是由南非阿特拉斯公司研制的武装直升机，绰号"石茶隼"（Rooivalk）。它能在南部非洲高温、沙尘等恶劣条件下进行独立作战并为地面提供支援，是具有世界先进水平的武装直升机。

"石茶隼"的座舱和武器系统布局与美国"阿帕奇"直升机很相似：机组为飞行员、射击员两人；纵列阶梯式驾驶舱使机身中而细长；后三点跪式起落架使直升机能在斜坡上着陆，增强了耐坠毁能力；两台涡轮轴发动机安装在机身肩部，可提高抗弹性；采用了两侧短翼来携带外挂的火箭、导弹等武器；前视红外、激光测距等探测设备位于机头下方的转塔内，前机身下安装有外露的机炮。与"阿帕奇"不同的是，"石茶隼"的炮塔安装在机头下前方，而不是在机身正下方。这个位置使得机炮向上射击的空间不受机头遮挡，射击范围比"阿帕奇"直升机大得多。

英文名称：	CSH-2 Rooivalk
研制国家：	南非
制造厂商：	阿特拉斯公司
服役时间：	1995年至今
主要用户：	南非

Special Warfare Equipment ★★★

基本参数	
机身长度	18.73米
机身高度	5.19米
旋翼直径	15.58米
空重	5730千克
最大速度	309千米/小时
最大航程	1200千米

意大利"猫鼬"武装直升机

"猫鼬"武装直升机是一种双引擎武装直升机,采用现代武装直升机的常规布局,机身为铝合金大梁和构架组成的常规半硬壳式结构,中部机身和油箱部位由蜂窝板制成。机身装有悬臂式短翼,为复合材料制造。该机采用串列双座式座舱,副驾驶/射手在前,飞行员在较高的后舱内,均配有坠机能量吸收座椅。

"猫鼬"武装直升机在4个外挂点上可携带1200千克外挂物,通常携带8枚"陶"式反坦克导弹、2挺机枪(机炮)或81毫米火箭发射舱。另外,"猫鼬"武装直升机也具备携带"毒刺"空对空导弹的能力。该机的动力装置为两台劳斯莱斯"宝石"2-1004D发动机,单台额定功率为772千瓦。

英文名称:	Mangusta
研制国家:	意大利
制造厂商:	阿古斯塔公司
重要型号:	A129A/C/D、T129
生产数量:	60架以上
服役时间:	1983年至今
主要用户:	意大利陆军、土耳其陆军

基本参数

机身长度	12.28米
机身高度	3.35米
旋翼直径	11.9米
空重	2530千克
最大速度	278千米/小时
最大航程	1000千米

日本"忍者"武装侦察直升机

　　"忍者"直升机是一种轻型武装侦察直升机。该机使用了大量复合材料,采用日本航空工业的4片碳纤维复合材料桨叶/桨毂、无轴承/弹性容限旋翼和涵道尾桨等最新技术。纵列式座舱内装有其他武装直升机少有的平视显示器。尾桨有8片桨叶,呈非对称布置,降低噪声并减轻了振动。据称,"忍者"直升机飞行表演时发出的声响明显小于美国AH-1武装直升机。

　　"忍者"直升机装有1门20毫米M197"加特林"机炮,短翼下可挂载4枚东芝91型空对空导弹,或2000千克的其他武器,如"陶"式重型反坦克导弹和70毫米火箭发射器等。该机的动力装置为两台三菱XTS1-10涡轮轴发动机,功率为660千瓦。

Special Warfare Equipment ★★☆

基本参数

英文名称	Ninja
研制国家	日本
制造厂商	川崎重工
重要型号	OH-1、AH-2
生产数量	38架
服役时间	2000年至今
主要用户	日本陆上自卫队
机身长度	12米
机身高度	3.8米
旋翼直径	11.6米
空重	2450千克
最大速度	278千米/小时
最大航程	540千米

▲ "忍者"直升机在低空飞行

▼ "忍者"直升机侧前方视角

韩国"雄鹰"通用直升机

"雄鹰"直升机是韩国以法国"超美洲豹"直升机为基础发展而来的通用直升机,两者有一定的相似之处。"雄鹰"直升机配备了全球定位系统、惯性导航系统、雷达预警系统等现代化电子设备,可以自动驾驶、在恶劣天气及夜间环境执行作战任务以及有效应对敌人防空武器的威胁。

"雄鹰"直升机驾驶员的综合头盔能够在护目镜上显示各种信息,状态监视装置能够检测并预告直升机的部件故障。该机在两侧舱门口旋转枪架上装有新式7.62毫米XK13通用机枪,配有大容量弹箱,确保火力持续水平。"雄鹰"直升机的续航能力在2小时以上,可搭载2名驾驶员和11名全副武装的士兵。

英文名称:	Surion
研制国家:	韩国
制造厂商:	韩国航天工业公司
重要型号:	KUH-1、KUH-ASW、KUH-1P
生产数量:	40架以上
服役时间:	2013年至今
主要用户:	韩国陆军

Special Warfare Equipment

★ ★

基本参数	
机身长度	19米
机身高度	4.5米
旋翼直径	15.8米
空重	4973千克
最大速度	290千米/小时
最大航程	530千米

印度"楼陀罗"武装直升机

"楼陀罗"直升机是一种双引擎武装直升机,机体采用了装甲防护和流行的隐身技术,起落架和机体下部都经过了强化设计,可在直升机坠落时最大限度地保证飞行员的安全,适合在自然条件恶劣的高原地区执行任务。"楼陀罗"直升机还装备了电子战系统,配备日夜工作的摄像头、热传感器和激光指示器。

"楼陀罗"直升机主要用于打击坦克装甲目标及地面有生力量,具备压制敌方防空系统、掩护特种作战等能力。该机装有1门20毫米M621机炮,还可挂载70毫米火箭弹发射器以及"赫莉娜"反坦克导弹(最多8枚)和"西北风"空对空导弹(最多4枚)。在执行反潜和对海攻击任务时,还可挂载深水炸弹和鱼雷(2枚)。

英文名称:	Rudra
研制国家:	印度
制造厂商:	印度斯坦航空公司
重要型号:	Rudra Mk Ⅲ/Ⅳ
生产数量:	90架以上
服役时间:	2012年至今
主要用户:	印度陆军、印度空军

Special Warfare Equipment

基本参数

机身长度	15.87米
机身高度	4.98米
旋翼直径	13.2米
空重	2502千克
最大速度	290千米/小时
最大航程	827千米

印度 LCH 武装直升机

LCH直升机是一种轻型武装直升机，采用了武装直升机常见的纵列阶梯式布局，机身外形狭窄，阻力较小。这种布局的缺点就是后座飞行员下方视界较差，更重要的是会增加飞机的重量。为了解决机体增重而导致飞机战术技术性能下降的问题，LCH直升机的结构上采取较大比例的复合材料，以求最大限度地降低飞机的空重，并提高直升机的隐身能力。

LCH直升机的武器包括20毫米M621型机炮、"九头蛇"70毫米机载火箭发射器、"西北风"空对空导弹、高爆炸弹、反辐射导弹和反坦克导弹等。多种武器装备拓展了LCH直升机的作战任务，除传统反坦克和火力压制任务，LCH直升机还能攻击敌方的无人机和直升机，并且适于执行掩护特种部队机降。

英文名称：	
Light Combat Helicopter	
研制国家：	印度
制造厂商：	印度斯坦航空公司
重要型号：	LCH TD-1/2
生产数量：	20架以上
服役时间：	2022年至今
主要用户：	印度陆军、印度空军

Special Warfare
Equipment
★ ★ ☆

基本参数	
机身长度	15.8米
机身高度	4.7米
旋翼直径	13.3米
空重	2250千克
最大速度	330千米/小时
最大航程	700千米

美国 AAV-7A1 两栖装甲车

AAV-7A1车体为5083铝合金装甲板整体焊接式全密封结构，能防御轻武器、弹片和光辐射烧伤。车体外形呈流线形，能克服3米高的海浪并能整车浸没入波浪中10~15秒。

动力舱位于车首中央、驾驶员右侧，动力通过带闭锁装置的变矩器传递到HS-400-1液压双流转向、动力换挡的综合式液力传动装置，经变速箱输出端汇流行星排传到车体上的侧减速器，最后传到主动轮。

AAV-7A1两栖装甲车在陆地上最高速度为72千米/小时，水上为13千米/小时。该车速度虽然不错，但它的武装只配备了1座装有M85机枪的炮塔，而且缺乏核生化防护设备，因此生产到1974年便停产。1982年，FMC公司开始改进AAV-7A1两栖装甲车，主要改进包括更换改良型的引擎、传动系统与武器系统，以及提升车辆的整体可靠性等。

英文名称：
Amphibious Assault Vehicle-7A1
研制国家： 美国
制造厂商： 通用动力公司
重要型号： AAVP-7A1、AAVC-7C1
服役时间： 1972年至今
主要用户： 美国、韩国

Special Warfare Equipment

★★☆

基本参数

长度	7.94米
宽度	3.27米
高度	3.28米
重量	22.8吨
最大速度	72千米/小时
最大行程	480千米
爬坡度	31度
过直墙高	0.914米
越壕宽	2.438米
发动机功率	294千瓦

美国"斯特赖克"装甲车

"斯特赖克"装甲车（Stryker Vehicle）由美国通用动力子公司通用陆地系统设计生产，设计理念源于瑞士的"食人鱼"装甲车。

"斯特赖克"装甲车的最大特点与创新在于几乎所有的延伸车型，都可以用即时套件升级方式从基础型改装而来，改装可以在战场前线上完成，因此提供了极大的运用弹性。若有某一型车战损，不必再等待从后方运补，可以抽调另一台较不重要的车型改装。

"斯特赖克"装甲车装甲方面为了适合空运，只有轻装甲的IBD防弹钢板，另外到了战场上可以因战况加挂复合反应装甲，300米内防御14.5毫米以下子弹直击和155毫米以下炮弹的碎片；车内有杜邦公司专利制造的人工纤维覆层，防止装甲外壳受击后内侧受震波剥落四射杀伤车内人员。车体底盘另有防地雷装甲。

英文名称：	Stryker Vehicle
研制国家：	美国
制造厂商：	通用动力公司
服役时间：	2002年至今
主要用户：	美国

Special Warfare Equipment ★★☆

基本参数

长度	6.95米
宽度	2.72米
高度	2.64米
重量	16.47吨
最大速度	100千米/小时
最大行程	500千米
乘员	11人
装甲厚度	14.5毫米

美国 M1117 装甲车

M1117"守护者" 是一种4轮装甲车,由德事隆海上和地面系统公司制造,配有 Mk 19榴弹发射器和M2重机枪。

1999年,美军购入M1117作为宪兵用车,之后加强了装甲,并投入阿富汗和伊拉克战场,取代部分"悍马"车。因为"悍马"车的装甲版M114在许多状况下不能抵挡火力,因此美军采购了更多的M1117。第一辆M1117生产型已于2000年4月交货,美国陆军总共接收了13辆,其中前6辆配属在德国的驻欧美国陆军(USAE)第18宪兵旅,另外3辆配属第615宪兵连,其余4辆则配属第527宪兵连。2006年4月全部交付完毕。迄今已有77辆M1117 装甲警戒车被部署到伊拉克。

英文名称:	M1117 Guardian Armored Security Vehicle
研制国家:	美国
制造厂商:	德事隆海上和地面系统公司
服役时间:	2000年至今
主要用户:	美国、阿富汗

基本参数	
长度	6米
宽度	2.6米
高度	2.6米
重量	13.47吨
最大速度	63千米/小时
最大行程	500千米
乘员	4人
发动机功率	194千瓦

美国 AIFV 步兵战车

AIFV步兵战车的车体采用铝合金焊接结构，为了避免意外事故，车内单兵武器在射击时都有支架。舱内还有废弹壳收集袋，以防止射击后抛出的弹壳伤害邻近的步兵。AIFV步兵战车的车体及炮塔都披挂有FMC公司研制的间隙钢装甲，用螺栓与主装甲连接。这种间隙装甲中充填有网状的聚氨酯泡沫塑料，重量较轻，并有利于提高车辆水上行驶时的浮力。

驾驶员在车体前部左侧，在其前方和左侧有4个m27昼间潜望镜，中间1个可换成被动式夜间驾驶仪。车长在驾驶员后方，有5个潜望镜，其中4个为标准的m17潜望镜，1个为m20a1潜望镜。如果需要，该镜可换成被动式夜间潜望镜。

英文名称：Armored Infantry Fighting Vehicle		
研制国家：美国		
制造厂商：BAE陆地系统公司		
服役时间：1970年至今		
主要用户：美国		

Special Warfare
Equipment

基本参数	
长度	5.285米
宽度	2.819米
高度	2.794米
重量	11.4吨
最大速度	61.2千米/小时
最大行程	490千米
爬坡度	31度
过直墙高	0.635米
越壕宽	1.625米
发动机功率	194千瓦

美国 V-100 装甲车

V-100 是美国凯迪拉克盖集汽车公司（Cadillac Gage）设计生产的一款装甲车，可充当多种角色，其中包括装甲运兵车、救护车、反坦克车和迫击炮载体等。

V-100装甲车使用无气战斗实心胎，可以在水中以4.8千米/小时的速度前进。该车装甲是称为"Cadaloy"的高硬度合金钢，可以挡住7.62×51毫米北约制式枪弹。因为装甲重量太重，所以该车后轮轴极易损坏。但是，由于合金钢装甲提供了单体结构框架，它轻于加上装甲的普通车辆。另外，装甲的倾斜角度也有助于防止枪弹和地雷爆炸而穿透装甲。

V-100装甲车于1963年9月开始在越南部署，使用单位包括美国陆军宪兵、美国空军以及南越陆军。

英文名称：	V-100 Commando
研制国家：	美国
制造厂商：	凯迪拉克盖集汽车公司
重要型号：	V-150、V-200
服役时间：	1963年至今
主要用户：	美国、墨西哥

Special Warfare Equipment ★★☆

基本参数	
长度	5.69米
宽度	2.26米
高度	2.54米
重量	9.8吨
最大速度	88千米/小时
最大行程	643千米
乘员	5人
发动机功率	151千瓦

美国 HMMWV 装甲车

HMMWV（High Mobility Multipurpose Wheeled Vehicle，意为：高机动性多用途轮式车辆）是由美国汽车（AMC）公司设计生产的一款多用途装甲车，可以由多种运输机或直升机运输并空投。

HMMWV装甲车装有1台大功率柴油发动机，4轮驱动，越野能力尤为突出。该车拥有1个可以乘坐4人的驾驶室和1个帆布包覆的后车厢。4个座椅被放置在车舱中部隆起的传动系统的两边，这样的重力分配可以保证其在崎岖的路面上提供良好的抓地力和稳定性。

英文名称:	High Mobility Multipurpose Wheeled Vehicle
研制国家：	美国
制造厂商：	AMC公司
服役时间：	1985年至今
主要用户：	美国

Special Warfare Equipment

基本参数

长度	4.6米
宽度	2.1米
高度	1.8米
重量	2.34吨
最大速度	105千米/小时
最大行程	563千米
乘员	6人
发动机功率	112千瓦

美国"水牛"地雷防护车

"水牛"地雷防护车采用6轮底盘,其车头具有大型遥控工程臂以用于处理爆炸品。"水牛"采用V形车壳,若车底有地雷或IED(简易爆炸装置)爆炸时能将冲击波分散,有效保护车内人员免受严重伤害。在伊拉克及阿富汗服役的"水牛"加装鸟笼式装甲以防护RPG-7火箭筒的攻击。

"水牛"地雷防护车具有独特的防弹性能,并不是简单地靠加厚装甲板来提高防护能力,因为那样做会大大增加装甲车辆的重量,影响机动力。"水牛"在不同部位安装不同防护机理的新型装甲,如车身主装甲选用高硬度钢板,而在车体次要位置则安装重量轻得多的陶瓷装甲乃至复合材料装甲,这些材料通常由外层陶瓷防护层以及内层多层聚酸胺纤维组成。复合装甲材料的密度虽然比钢制装甲板低,但防护水平相当。

英文名称:	Buffalo Mine Protected Vehicle
研制国家:	美国
制造厂商:	美国军力保护公司
服役时间:	2000年至今
主要用户:	美国、法国

基本参数

长度	8.2米
宽度	2.6米
高度	4米
重量	20.56吨
最大速度	105千米/小时
最大行程	483千米
乘员	6人
发动机功率	330千瓦

苏联/俄罗斯 BTR-80 装甲车

BTR-80装甲车的炮塔顶部可360度旋转，其上装有1挺14.5毫米KPVT大口径机枪，辅助武器为1挺7.62毫米PKT并列机枪。车内可携带2枚9K34或9K38"针"式单兵防空导弹和1具RPG-7式反坦克火箭筒。该车可水陆两用，水上靠车后单个喷水推进器推进，水上速度为9千米/小时。当通过浪高超过0.5米的水障碍时，可竖起通气管不让水流进入发动机内。此外，它还配有防沉装置，一旦车辆在水中损坏也不会很快下沉。

BTR-80装甲车驾驶舱位于前部，并装有供昼夜观察和驾驶的仪器（车长夜视距离为360~400米，驾驶员夜视距离可达60米）、面板、操纵装置、电台及车内通过话器等。车长位置的前甲板上有一球形射孔。车长和驾驶员的后面各有1个步兵座位。

英文名称：	BTR-80
研制国家：	苏联
制造厂商：	阿尔扎马斯机械厂
生产数量：	5000辆以上
服役时间：	1986年至今
主要用户：	苏联、俄罗斯

基本参数

长度	7.7米
宽度	2.9米
高度	2.41米
重量	13.6吨
最大速度	80千米/小时
最大行程	600千米
乘员	10人
发动机功率	194千瓦
爬坡度	31度
过直墙高	0.5米

法国 VBCI 步兵战车

VBCI步兵战车能对乘员和军队提供多种威胁保护，包括155毫米炮弹碎片和小/中等口径炮弹等。它的铝合金焊接车体，配备有装甲碎片衬层和附加钛装甲护板，以保护反坦克武器。框结构底盘和驱动装置提供爆炸地雷的防护。该车有极强的机动性，能够在例如60度前进斜度、30度侧斜度、2米沟渠和0.7米梯状地带等地形恶劣地区行进。此外，如果1个车轮被地雷损失，车辆能使用剩余的7个车轮驱动。

VBCI步兵战车车体采用高强度铝合金制成，带有防弹片层，并装有钢附加装甲，提供了良好的防护能力。车辆的结构对空心装药反坦克武器的袭击能起到防护作用，这些反坦克武器在非正规部队中的使用越来越普遍。其防护水平是其他轮式步兵战车不可相提并论的。

英文名称：	
VBCI Infantry Fighting Vehicle	
研制国家：	法国
制造厂商：	萨托里军用车辆公司
生产数量：	630辆
服役时间：	2008年至今
主要用户：	法国

基本参数

长度	7.6米
宽度	2.98米
高度	3米
重量	25.6吨
最大速度	100千米/小时
最大行程	750千米
乘员	12人
装甲厚度	14.5毫米
发动机功率	410千瓦

法国VBL装甲车

VBL装甲车 车顶上安装有可360度回旋的枪架和枪盾设置，能安装多种轻/重机枪（如FN Minimi轻机枪、勃朗宁M2重机枪等）。该车虽然有装甲，但是重量不到4吨，具有很强的战略机动性。此外，它的体积小也很小，便于空运，具有很强的可运输性。

VBL车体采用高强度、高硬度装甲全焊接结构，厚度为5～11.5毫米，可在近距离内抵御7.62毫米穿甲弹的攻击。车体前部共有3层防护层设计。一是车体前装甲采用大倾角设计，这很容易使穿甲子弹产生跳弹。二是采用两层隔板防护设计。三是在发动机和变速箱之间、发动机室和乘员之间分别采用装甲隔板防护措施，即使前甲板被穿透，还有发动机和变速箱之间的第二层隔板以及发动机室和乘员之间的第三层隔板的防护，这三层前部防护层为乘员提供了良好的正面防护。

英文名称：	VBL Armored Car
研制国家：	法国
制造厂商：	潘哈德公司
生产数量：	约2300辆
服役时间：	1990年至今
主要用户：	法国

Special Warfare Equipment
★★★

基本参数	
长度	3.8米
宽度	2.02米
高度	1.7米
重量	3.5吨
最大速度	95千米/小时
最大行程	600千米
乘员	3人
发动机功率	70千瓦

加拿大 LAV-3 装甲车

LAV-3装甲车有着极其优秀的生存能力、机动性和火力,并且引入双V形车体技术,附加装甲防护和减振座椅,为乘员提供更高的防御地雷、简易爆炸装置及其他威胁的能力。

LAV-3装甲车车体炮塔均采用装甲钢焊接结构,正面能防7.62毫米穿甲弹,其他部位能防7.62毫米杀伤弹和炮弹破片。

驾驶员位于车体前部左侧,炮塔居中,内有车长与炮手的位置,载员舱在车体后部。采用德尔科(Delco)公司的双人炮塔,装有1门麦克唐纳·道格拉斯直升机(McDonnell Douglas Helicopters)公司的25毫米链式炮。辅助武器有7.62毫米的M240并列机枪和M60机枪各1挺。炮塔两侧各有1组M257烟幕弹发射器,每组4具。主炮有双向稳定,便于越野时行进间射击。

英文名称	LAV III
研制国家	加拿大
制造厂商	通用陆上系统公司
生产数量	约800辆
服役时间	1983年至今
主要用户	加拿大、新西兰

Special Warfare Equipment
★★☆

基本参数

长度	6.98米
宽度	2.7米
高度	2.8米
重量	16.95吨
最大速度	100千米/小时
最大行程	450千米
乘员	9人
发动机功率	261千瓦

意大利菲亚特 6614 装甲车

菲亚特6614装甲车配有3具76毫米烟幕弹发射器以及拉力为44.1千牛的前置绞盘。分动箱和差速闭锁装置通过简单的开关（气式）操纵，轮毂内装行星减速器。该装甲车可凭借轮胎滑水渡过小河和浅滩。

菲亚特6614装甲车车体为全焊接钢板结构，能防轻武器和杀伤地雷。车顶中部有1个指挥塔，装有1挺M2HB式12.7毫米机枪和5个潜望式观察镜。该车也可选装其他武器，例如全密闭的炮塔可装1挺或2挺7.62毫米机枪。后部还有2个向两侧打开的顶舱盖以及通风装置。载员舱有10名载员（包括1名炮手），能在载员舱内进行射击并能通过大门迅速上下车。

英文名称:	Fiat 6614
研制国家:	意大利
制造厂商:	菲亚特汽车公司、奥托·梅莱拉公司
主要用户:	意大利、阿根廷、韩国、利比亚、突尼斯等

基本参数

长度	5.86米
宽度	2.5米
高度	1.78米
重量	8.5吨
最大速度	62千米/小时
最大行程	700千米
乘员	11人
发动机功率	119千瓦

意大利 VBTP-MR 装甲车

VBTP-MR装甲车的动力采用依维柯Cursor 9涡轮增压柴油发动机,发动机额定功率285.6千瓦,传动系统采用7挡自动变速箱,双轴动力传动和完全独立的悬挂,使其在近水、濒水和山地等各种复杂地形都具有较好的行动性能。

VBTP-MR装甲车全车整体采用常规结构,动力系统前置,其进出气口位于车体右侧,驾驶员和车长一前一后位于车前左侧,驾驶员配有红外夜视潜望镜可以进行360度观察,车长前方有一个可升高的潜望镜,以便越过驾驶员舱盖观察前方。

英文名称:	VBTP-MR
研制国家:	意大利
制造厂商:	依维柯公司
生产数量:	约100辆
服役时间:	2015年至今
主要用户:	阿根廷、巴西

基本参数

长度	6.9米
宽度	2.7米
高度	2.34米
重量	16.7吨
最大速度	90千米/小时
最大行程	600千米
乘员	11人
发动机功率	286千瓦

意大利"达多"步兵战车

"达多"步兵战车的主要武器是1门厄利空-比尔勒公司的25毫米KBA-BO2型机关炮,采用双向供弹,可发射脱壳穿甲弹和榴弹,弹药基数为400发。该炮的俯仰角度为-10度~+60度,战斗射速为600发/分;主炮旁边是1挺7.62毫米MG42/59并列机枪,弹药基数为1200发。

"达多"步兵战车的动力装置采用依维柯·菲亚特公司的MTCA 6V直接喷射式水冷涡轮增压中冷柴油机,在2300转/分时,额定功率520马力(382千瓦),单位功率达24马力/吨,强劲的马力使达多有很高的机动性能,其最大公路速度达到70千米/小时以上,这在同类步兵战车中是相当高的指标。"达多"的传动装置为德国ZF公司的LSG1500全自动变速箱,有4个前进挡,2个倒挡。"达多"配备带锁离合器的液力变矩器、助力制动器和带静液转向装置的双差速转向系统,与当今最先进的履带式装甲车辆用传动装置相比,LSG500变速箱的性能毫不逊色。

英文名称:	Dardo IFV
研制国家:	意大利
制造厂商:	依维柯公司
生产数量:	约200辆
服役时间:	2002年至今
主要用户:	意大利

基本参数

长度	6.7米
宽度	3米
高度	2.64米
重量	23.4吨
最大速度	70千米/小时
最大行程	600千米
发动机功率	382千瓦

南非"卡斯皮"地雷防护车

"卡斯皮"地雷防护车不仅可执行常规的防地雷部队输送任务，也适合改进为战场救护车、指挥控制车、救援车和轻型输送车等变形车。所有变形车都适合装配漏气续行轮胎，而且可选择配置手动或自动变速箱。该车公路巡航速度为100千米/小时，多数越野条件下的速度可达40千米/小时，标准油箱情况下的最大行程为770千米，每个车轮能抵御14千克爆炸物的冲击。

车体下部为V字形，侧面上部和车尾竖直，在车体四角、装甲外壳外部各有一个车轮，正突出的动力舱有引擎散热水平散热窗，其侧面与顶盖间有斜面，正面和车身侧面有大型防弹窗户，侧面的防弹窗户下方有射孔，通常安装1挺7.62毫米机枪，早期车型为敞顶，但近期车型的后部载员舱为全封闭式，且车尾有两扇门。

英文名称：Casspir
研制国家：南非
制造厂商：丹尼尔公司
生产数量：约1000辆
服役时间：1980年至今
主要用户：南非

Special Warfare Equipment

★★☆

基本参数	
长度	6.9米
宽度	2.45米
高度	2.85米
重量	10.88吨
最大速度	100千米/小时
最大行程	770千米
乘员	12人
发动机功率	124千瓦

土耳其"眼镜蛇"装甲车

"眼镜蛇"装甲车采用单体构造及V形车壳,能有效对抗轻武器、炮弹碎片及地雷攻击,特别设计的前轮在地雷爆炸时会弹飞以免损坏车壳。该装甲车具有多种车型,适合不同任务和用途,其中包括运兵、反坦克、侦察、地面监视雷达、炮兵观测、救护和指挥等。车顶的遥控武器系统通常装备重机枪、20毫米机炮、反坦克导弹或地对空导弹。

"眼镜蛇"装甲车的车身覆盖有防弹钢板和防弹玻璃,可抵御近距离7.62毫米穿甲弹和榴弹破片的攻击。车体正面采用了防弹钢板,厚度为5~12毫米。驾驶员座位等处的窗玻璃上没有加装装甲板,可能使用了40~50毫米厚的防弹玻璃。

英文名称:	Kobra IFV
研制国家:	土耳其
制造厂商:	土耳其Otokar公司
服役时间:	1997年至今
主要用户:	土耳其

基本参数

长度	5.23米
宽度	2.22米
高度	2.1米
重量	6.2吨
最大速度	115千米/小时
最大行程	752千米
乘员	13人
发动机功率	139.7千瓦

南非 RG-31 "林羚" 装甲运输车

RG-31 "林羚" 竖直车体正面中央有水平散热格栅，水平引擎顶盖微微倾斜，与几乎竖直的两块防弹挡风玻璃相连，水平车顶上有水平舱门。车体侧面下部为竖直载物箱，台阶般微微凹入的侧面上部同样竖直，有整块防弹窗户，竖直车尾有大门，门的上部有防弹窗。

车身两侧各有两个大负重轮，而且车体两侧的下部挂有备用车轮。值得注意的是本车为组合式设计，因此外观可变，例如最近一些车型安装了侧门。动力舱在车前部，其后是车长和驾驶员，载员们面向内坐在有安全带的单独座位上，两侧各有4个座位，前排座位后方还另有单个座位。驾驶位能配置为在左或在右，丰富的可选设备包括泄气保用垫圈、高级别装甲防护、通信设备、武器装备和定制内部布局。当前生产车辆的标准设备包括动力转向装置、空气调节系统和前置5吨电动绞盘。

英文名称：	RG-31 Nyala
研制国家：	南非
制造厂商：	OMC公司
服役时间：	2000年至今
主要用户：	南非

基本参数

长度	6.4米
宽度	2.47米
高度	2.72米
重量	8.4吨
最大速度	105千米/小时
最大行程	900千米
乘员	10人
发动机功率	92千瓦

南非 RG-32M 装甲人员运输车

RG-32M车体正面竖直，中央有水平散热格栅，两边有头灯，水平引擎顶盖稍稍倾斜，整块风挡玻璃几乎竖直，水平顶舱门通常有一块圆形舱盖，舱盖上可安装1挺7.62毫米机枪。上部各有一扇向前开的门，门的上部有防弹窗户，竖直车尾有完整的载货区，车尾可有向左开的大门和向上开的侧面入口盖。车身两侧各有两个负重轮，正位于前后两端，可安装前置绞盘。发动机在前部，装甲防护的载员舱在中部。驾驶员位于左方，其右有一座位，另三人位于其后。如果安装扩展通信设备，则载员数减至4人。

通常的出入方式是通过车身两侧向前开的门。车身正面和侧面的窗户为防弹结构，侧门上可提供射孔。该车一般提供一扇向后开的圆形顶舱门，必要时此门可固定为竖直状态。此位置可安装1挺7.62毫米或12.7毫米机枪，一些试验用车则安装了7.62毫米遥控机枪。同时有昼夜观察系统，炮长可以在完备的装甲防护下瞄准射击。

英文名称	RG-32 Scout
研制国家	南非
制造厂商	BAE系统公司
服役时间	2004年至今
主要用户	南非

基本参数

长度	4.97米
宽度	1.8米
高度	1.95米
重量	5.1吨
最大速度	120千米/小时
最大行程	750千米
乘员	4人
发动机功率	90千瓦

南非"大山猫"装甲车

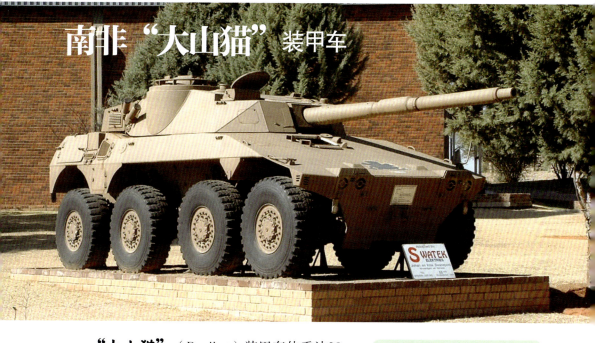

"大山猫"（Rooikat）装甲车体重达28吨。它主要用来执行战斗侦察任务，所以也有人称它为"大山猫"轮式侦察车。"大山猫"第一批量产车完成于1989年，第一次装备部队是在1990年。"大山猫"装甲车的快速行驶能力和远程机动能力也是相当出色的。它是一代地面战斗车辆的典范，能够执行攻击性的搜寻与摧毁任务，而且适应性极强，机动力特别高。

"大山猫"装甲车车体前上装甲板几乎水平，其上部中央有驾驶员舱门，水平车顶后部是突起的动力舱，车尾垂直。炮塔在车辆中部，其正面水平，侧面略内倾，枪身较长的76毫米火炮具备隔热护套和清烟器，悬于车前。车体两侧各有4个大型负重轮，第二个和第三个负重轮的间隔较大，车体上部略内倾，车体两侧第二个和第三个负重轮之间各有逃生舱门。

英文名称	Rooikat IFV
研制国家	南非
制造厂商	BAE系统公司
服役时间	1990年至今
主要用户	南非

基本参数	
长度	7.09米
宽度	2.9米
高度	2.8米
重量	28吨
最大速度	120千米/小时
最大行程	1000千米
乘员	4人
发动机功率	420千瓦

英国"萨克逊"装甲人员运输车

"萨克逊"装甲车驾驶员位于左前方或右前方,发动机在车体下部,载员舱延伸至车尾。士兵位于两侧长椅上,通过侧门或车尾两扇门出入。车长有固定指挥塔或武装单管或双联7.62毫米机枪的炮塔。每侧两个大负重轮,车体左侧有装载库,车顶有装载网。可选设备包括空气调节系统、前置绞盘、加温器、榴弹发射器、路障拆卸装置和探照灯。

该车1983年被英国陆军选定作为英国步兵营用车,但作战时部署到德国。最后一批为英国陆军生产的"萨克逊"装甲人员运输车由康明斯6BT型5.91升涡轮增压6缸柴油发动机提供动力,此柴油发动机额定功率160马力,结合了全自动变速箱。

英文名称:	Saxon IFV
研制国家:	英国
制造厂商:	阿尔维斯·维克斯公司
服役时间:	1983年至今
主要用户:	英国、德国

Special Warfare Equipment

基本参数

长度	5.17米
宽度	2.489米
高度	2.628米
重量	11.66吨
最大速度	96千米/小时
最大行程	480千米
乘员	16人
发动机功率	122千瓦

无人机

特战队员通常会前往完全陌生的环境执行任务,因此其在行动前,通常会利用无人机前往任务地点进行信息收集,以达到快速有效的完成任务的目的。利用无人机进行侦察,还能在很大程度上减少特战队员的伤亡情况。

美国 RQ-7 "影子" 无人机

RQ-7无人机是一种无人侦察机,也是美国陆军"固定翼战术无人机"项目中最重要的部分,全套系统包括飞机、任务载荷模块、地面控制站、发射与回收设备和通信设备。在作战时,RQ-7无人机系统需要4辆多功能轮式装甲车运输,其中两辆装载零部件,另两辆作为装甲运兵车搭载操作人员。

RQ-7无人机具有体积小、重量轻的特点,整套系统可通过C-130运输机快速部署到战区的任何一个地方。该无人机的探测能力较强,可探测到距离陆军旅战术作战中心约125千米外的目标,并可在2400米的高空全天候侦察到3.5千米倾斜距离内的地面战术车辆。

英文名称:	RQ-7 Shadow
研制国家:	美国
制造厂商:	AAI公司
重要型号:	RQ-7A/B
生产数量:	500架以上
服役时间:	2002年至今
主要用户:	美国陆军

Special Warfare Equipment
★ ★ ☆

基本参数	
机身长度	3.4米
机身高度	1米
翼展	4.3米
空重	84千克
最大速度	204千米/小时
使用范围	109千米

美国 RQ-11"大乌鸦"无人机

RQ-11无人机是一种无人侦察机,其机体由"凯夫拉"纤维增强复合材料制造,结构坚固,在设计上考虑了抗坠毁性能,不易发生解体。每套系统包括1个地面控制中心和3架无人机。RQ-11无人机的机身非常小巧,分解后可以放入背包内携带。

RQ-11无人机大大扩展了美军基本单位的视界,使他们具有了不俗的情报监视和侦察能力。在使用时,仅需一名士兵抛射即可起飞。RQ-11无人机的静音性良好,在90米高度以上飞行时,地面人员基本上听不到电动马达的声音,再加上较小的体积,所以很少遭受敌方地面火力的攻击。

英文名称:	RQ-11 Raven
研制国家:	美国
制造厂商:	航宇环境公司
重要型号:	RQ-11A
生产数量:	19000架
服役时间:	2003年至今
主要用户:	美国空军、美国陆军、美国海军陆战队

Special Warfare Equipment ★★☆

基本参数	
机身长度	1.09米
翼展	1.3米
空重	1.9千克
巡航速度	56千米/小时
续航时间	1.5小时
使用范围	10千米

美国 RQ-14 "龙眼" 无人机

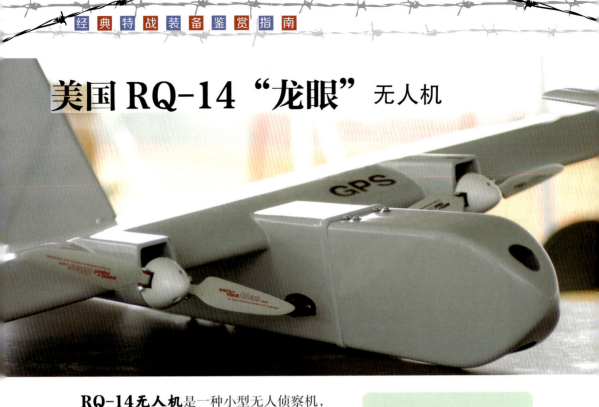

RQ-14无人机是一种小型无人侦察机，由螺旋桨推进，装有一台由美国海军陆战队作战实验室开发的摄像机，可分成五个部分便于携带。操作人员使用一套包括计算机处理器和地图显示器的可穿戴地面控制站对其控制，计算机处理器和地图显示器安装在操作人员前臂或防护衣上。通过点击地图显示器，告知无人机飞行的高度、目的地及返回时间。

RQ-14无人机可以飞行到距离操作员10千米的区域侦察敌情。该机由锌-空气电池驱动，通过手持发射，可重复使用。该机的电子发动机噪音信号低，不易被发现。

英文名称	RQ-14 Dragon Eye
研制国家	美国
制造厂商	航宇环境公司
重要型号	RQ-14A/B
生产数量	100架
服役时间	2002年至今
主要用户	美国海军陆战队

Special Warfare
Equipment
★★☆

基本参数	
机身长度	0.9米
翼展	1.1米
空重	2.7千克
巡航速度	65千米/小时
最大航程	10千米
实用升限	150米

美国 RQ-170 "哨兵" 无人机

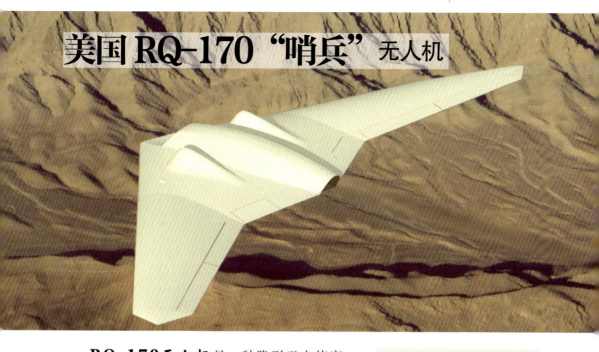

RQ-170无人机是一种隐形无人侦察机，采用"无尾飞翼式"的设计理念，外形与B-2隐形轰炸机相似，如同一只回旋镖。该机可用于对特定目标进行侦察和监视，曾在"持久自由"行动中被部署在阿富汗境内。

由于美国军方尚未完全公开RQ-170无人机的信息，因此外界对其作战性能知之甚少。根据公开来源的图像，航空专家估计RQ-170无人机配备了电光/红外传感器，机身腹部的整流罩上还可能安装有主动电子扫描阵列雷达。机翼之上的两个整流罩装备数据链，机身腹部和机翼下方的整流罩安装模块化负载，从而允许无人机实施武装打击并执行电子战任务。另外，RQ-170无人机甚至可能配备高能微波武器。

英文名称：	RQ-170 Sentinel
研制国家：	美国
制造厂商：	洛克希德·马丁公司
重要型号：	RQ-170
生产数量：	20架
服役时间：	2007年至今
主要用户：	美国空军

Special Warfare Equipment

基本参数	
机身长度	4.5米
机身高度	1.8米
翼展	20米
最大起飞重量	3856千克
实用升限	15000米

美国 MQ-1 "捕食者" 无人机

MQ-1 是通用原子技术公司研制的无人攻击机，绰号"捕食者"（Predator）。

MQ-1 无人机装载有雷神公司的多频谱瞄准系统，采用一个增强型热成像器、高分辨率彩色电视摄像机、激光照射器和激光测距器。此外还装有 Talon Radiance 超频谱成像器，可穿透树叶探测隐蔽的地面目标。

MQ-1 可在粗略准备的地面上起飞升空，起降距离约 670 米，起飞过程由遥控飞行员进行视距内控制。在回收方面，MQ-1 可以采用软式着陆和降落伞紧急回收两种方式。MQ-1 可以在目标上空逗留 24 小时，对目标进行充分的监视，最大续航时间高达 60 小时。该机的侦察设备在 4000 米高处的分辨率为 0.3 米，对目标定位精度达到极为精确的 0.25 米。

英文名称：	MQ-1 Predator
研制国家：	美国
制造厂商：	通用原子公司
生产数量：	360架
服役时间：	1995年至今
主要用户：	美国

Special Warfare
Equipment
★ ★ ☆

基本参数	
机身长度	8.22米
机身高度	2.1米
翼展	14.8米
空重	512千克
最大起飞重量	1020千克
最大速度	217千米/小时
最大航程	3704千米
实用升限	7620米

美国 RQ-4 "全球鹰" 无人机

RQ-4 "全球鹰" 无人机可从美国本土起飞到达全球任何地点进行侦察，或者在距基地5500千米的目标上空连续侦察监视24小时，然后返回基地。机上载有合成孔径雷达、电视摄像机、红外探测器三种侦察设备，以及防御性电子对抗装备和数字通信设备，可区分小汽车和卡车。

RQ-4无人机可以提供后方指挥官综观战场或是细部目标监视的能力。它装备有高分辨率合成孔径雷达（SAR）可以看穿云层和风沙，还有光电红外线模组（EO/IR）提供长程长时间全区域动态监视。白天监视区域超过10万平方千米。例如要监视洛杉矶一样大的城市，可以从缅因州遥控RQ-4，拍摄370千米×370千米区域的洛杉矶市区24小时，然后悠闲地飞回家。RQ-4还可以进行波谱分析的谍报工作，提前发现全球各地的危机和冲突；也能帮忙导引空军的导弹轰炸，使误击率降低。

英文名称：	RQ-4 Global Hawk
研制国家：	美国
制造厂商：	诺斯罗普·格鲁曼公司
服役时间：	2000年至今
主要用户：	美国

Special Warfare Equipment

★★☆

基本参数	
机身长度	14.5米
机身高度	4.7米
翼展	39.9米
空重	6781千克
最大起飞重量	14628千克
最大速度	629千米/小时
最大航程	22800千米
实用升限	18000米

美国 MQ-5 "猎人"无人机

"猎人"无人机是一种短距离侦察机，在距离前线部队和海军基准点150千米以外为美军军、师级和美国海军陆战队远征旅提供侦察、监视和目标截获保障。该无人机能昼夜飞行，不受气象条件限制。

"猎人"无人机搭载的侦察设备主要为IAI开发的多功能光电设备（MOSP），其设备包括了电视和前视红外（FLIR），具备昼夜侦察能力。在马其顿使用的美国陆军"猎人"无人机装备的是为白昼电视摄像机配备的弹着观察器和第三代前视红外。此外，该无人机还装备了一具激光指向器和多种通信系统，以及诺斯罗普·格鲁曼公司研制的通信干扰、通信告警接收机和雷达干扰机等电子对抗设备。

英文名称：MQ-5 Hunter
研制国家：美国
制造厂商：汤普森·拉莫·伍尔德里奇公司
重要型号：MQ-5B
服役时间：2015年至今
主要用户：美国

Special Warfare Equipment
★ ★ ★

基本参数

机身长度	6.89米
机身高度	1.7米
翼展	8.9米
最大载油量	136千克
最大起飞重量	727千克
最大速度	203.5千米/小时
续航时间	12小时
实用升限	4600米

美国 MQ-8 "火力侦察兵" 无人机

MQ-8是诺斯罗普·格鲁曼公司研制的垂直起降无人机，绰号"火力侦察兵"（Fire Scout）。

高超的侦察能力是MQ-8"火力侦察兵"无人机的主要特点。它是一个先进的传感器平台，机上装置有光电/激光传感器和激光指示器/测距仪，可以提供情报、侦察和监视功能并且极其精确。

MQ-8B可在战时迅速转变角色，执行包括情报、侦察、监视、通信中继等在内的多项任务。同时，这种做法还可为今后进行升级改造预留充足的载荷空间。MQ-B无人机还具备挂载"蝰蛇打击"智能反装甲滑翔弹和"九头蛇"低成本精确杀伤火箭的能力，将来可能还会使用"地狱火"导弹和以色列拉斐尔公司的"长钉"导弹。

英文名称：	MQ-8 Fire Scout
研制国家：	美国
制造厂商：	诺斯罗普·格鲁曼公司
重要型号：	MA-8B
服役时间：	2002年至今
主要用户：	美国

基本参数

机身长度	7.3米
机身高度	2.9米
翼展	8.4米
空重	940千克
最大起飞重量	1430千克
最大速度	213千米/小时
使用范围	203千米
实用升限	6100米

美国 MQ-9 "死神" 无人机

MQ-9 是通用原子公司研发的长程作战无人机，绰号"死神"（Reaper）。

MQ-9"死神"无人机是一种极具杀伤力的新型作战无人机，并可以执行情报、监视与侦察（ISR）任务。美国空军在其作战试验刚刚结束后，就决定将其投入实战，并组建了"死神"无人机攻击中队。

MQ-9无人机被设计成主要为地面部队提供近距空中支援的攻击型无人机，此外还可以在危险地区执行持久监视和侦察任务。该机装备有先进的红外设备、电子光学设备以及微光电视和合成孔径雷达，拥有不俗的对地攻击能力，并拥有卓越的续航能力，可在战区上空停留数小时之久。此外，MQ-9无人机还可以为空中作战中心和地面部队收集战区情报，对战场进行监控，并根据实际情况开火。相比MQ-1无人机，MQ-9无人机的动力更强，飞行速度可达MQ-1的3倍，而且拥有更大的载弹量。

英文名称：	MQ-9 Reaper
研制国家：	美国
制造厂商：	通用原子公司
生产数量：	104架
服役时间：	2001年至今
主要用户：	美国、英国

Special Warfare Equipment
★★☆

基本参数	
机身长度	11米
机身高度	3.8米
翼展	20米
空重	2223千克
最大起飞重量	4760千克
最大速度	482千米/小时
使用范围	5926千米
实用升限	15000米

美国"复仇者"无人机

"复仇者"（Avenger）是由美国通用原子公司（General Atomics）于21世纪初研制的具备隐身能力的喷气推进式远程无人驾驶战斗机（UCAV）。它是在MQ-9"收割者"无人战机的基础上，为满足美军未来空战需求而后续开发的新机型。其初始代号为"捕食者"C型（Predator C），即MQ-1"捕食者"（Predator）系列无人机的第三个发展型号。

"复仇者"体积庞大，可搭载1.36吨的有效载荷，发动机为普惠PW545B喷气发动机。该发动机可让"复仇者"的飞行速度达到"捕食者"无人机的3倍以上。"复仇者"有一个长达3米的武器舱，可携带227千克炸弹，包括GBU-38型制导炸弹制导组件和激光制导组件。另外还可以将武器舱拆掉，安装一个半埋式广域监视吊舱。在执行非隐身任务时，可在无人机的机身和机翼下挂装武器和其他任务载荷，包括附加油箱。

英文名称：	Avenger UAV
研制国家：	美国
制造厂商：	通用原子技术公司
生产数量：	3架
服役时间：	2011年至今
主要用户：	美国

基本参数

机身长度	13.2米
翼展	20.1米
最大起飞重量	9000千克
最大速度	740千米/小时
续航时间	20小时
最大升限	18288米

英国"不死鸟"无人机

"不死鸟"无人机主要用于为炮兵提供定位和识别服务,也可用于侦察。该机采用卡车运输,并且使用车上的弹射器进行发射。机身上装有降落伞和冲击缓冲背部减阻装置,帮助无人机降落。"不死鸟"无人机的腹部通过一个稳定的旋转臂装有一个双轴稳定传感器吊舱,吊舱中有热成像通用模块。

"不死鸟"无人机可帮助英军AS-90式155毫米自行榴弹炮和多管火箭发射系统提供定位和识别服务。另外,这种无人机还可以用于获得战场情报和侦察用途,为炮团提供侦察照片和数据。虽然"不死鸟"无人机的性能存在不足,但它为英国无人机的发展积累了宝贵的技术和经验。

英文名称	BAE Systems Phoenix
研制国家	英国
制造厂商	BAE系统公司
重要型号	Phoenix
生产数量	200架
服役时间	1987~2008年
主要用户	英国陆军

Special Warfare Equipment ★★

基本参数	
机身长度	3.8米
翼展	5.6米
总重	175千克
载荷重量	50千克
最大速度	166千米/小时
续航时间	5小时
实用升限	2800米

英国"守望者"无人机

"守望者"无人机系统包含一小、一大两套无人机,分别被命名为WK 180和WK 450,它们分别基于以色列埃尔比特公司"赫姆斯"180无人机和"赫姆斯"450无人机改进而来。两套无人机可采用两种工作模式:既能够按预先编制的计划完全自主地执行任务,也能在飞行中由地面操作员改变状态。起飞和降落能够由地面操作员控制或自动运行。

"守望者"无人机采用活塞发动机提供动力,使用一个双桨叶推进式螺旋桨。该机能够在高海拔地区飞行,并在减弱声音和视觉信号反射的同时扩大覆盖范围、提升续航能力。一套完整的"守望者"无人机系统能够由一架C-130"大力神"运输机部署到战区。

英文名称：Watchkeeper
研制国家：英国
制造厂商：泰利斯公司
重要型号：Watchkeeper
生产数量：50架
服役时间：2014年至今
主要用户：英国陆军

基本参数

机身长度	6.1米
翼展	10.51米
最大起飞重量	450千克
最大速度	175千米/小时
最大升限	5500米

法国"雀鹰"无人机

"雀鹰"无人机是一种战术无人机,可执行战术监视、观察和瞄准等任务,有A型和B型两种型号。"雀鹰"无人机系统配有高效的光电昼/夜用传感器和一系列其他传感器,可进行全面的任务制订和监视,能够将目标图像发回地面指挥控制中心。

"雀鹰"A型可以自动弹射,并在没有事先做准备的地点通过降落伞降落。"雀鹰"B型为无人攻击机,机翼更大也更坚固,能够携带更多的有效载荷,而且续航力和航程也得到加强,武器为以色列研制的"长钉"远程空对地导弹。

英文名称:	Sperwer
研制国家:	法国
制造厂商:	萨基姆公司
重要型号:	Sperwer A/B
生产数量:	130架
服役时间:	1999年至今
主要用户:	法国陆军、瑞典陆军、丹麦陆军、荷兰空军

Special Warfare Equipment
★★☆

基本参数

机身长度	3.5米
机身高度	1.3米
翼展	4.2米
空重	275千克
最大速度	240千米/小时
最大航程	180千米

德国"月神"无人机

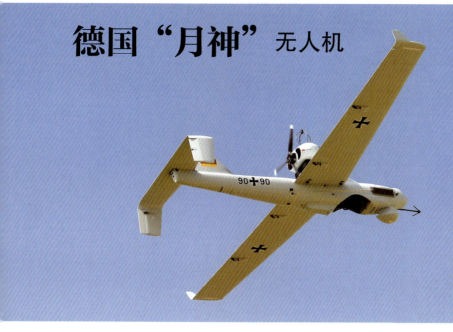

"月神"无人机是一种全天候轻型无人侦察机,机首下方装有开放式光电传感模块,可以同步传输高分辨率图像(可见光或红外),以便地面操控台在第一时间获得战场情报。为了免遭电子干扰的影响,"月神"无人机不仅能在地面操控台的遥控下飞行,也内置有自动飞行功能,能根据事前设定的导航点自动执行侦察任务。此外,还能加装核生化探测、电子信号截收、电子战等装备。

"月神"无人机在设计上特别强调野战操作的方便性,为了省去额外的起降作业需求,采用了结构非常简单的拉索弹射系统,只需要军用轮式越野车的标准24伏电力供应就能操作。而在返航时,"月神"无人机则是利用拦阻网直接拦停回收,省去了额外加装降落伞或是落地需要跑道的问题。

英文名称:	Luna
研制国家:	德国
制造厂商:	EMT公司
重要型号:	Luna X-2000
生产数量:	142架
服役时间:	2000年至今
主要用户:	德国陆军

Special Warfare Equipment
★ ★ ☆

基本参数	
机身长度	2.36米
翼展	4.17米
最大起飞重量	40千克
最大速度	70千米/小时
续航时间	6小时
使用范围	100千米

德国"阿拉丁"无人机

"阿拉丁"无人机是一种小型无人侦察机,由于研制过程中借鉴了"月神"无人机的设计经验,所以"阿拉丁"无人机的研制时间很短。一个完整的"阿拉丁"无人机系统主要由1架无人机和1个地面控制站组成,操作人员为1~2名。

"阿拉丁"无人机通常与"非洲小孤"侦察车配合使用,以执行近距离侦察任务。在不使用时,"阿拉丁"无人机通常被拆解并装在箱子里,方便携带。如果要使用"阿拉丁"无人机系统,操作人员可在数分钟内完成无人机的组装,然后采用手抛或弹射索发射升空。

英文名称:	Aladin
研制国家:	德国
制造厂商:	EMT公司
重要型号:	Aladin A
生产数量:	323架
服役时间:	2003年至今
主要用户:	德国陆军

Special Warfare Equipment

★ ★ ★

基本参数	
机身长度	1.53米
机身高度	0.36米
翼展	1.46米
空重	3.2千克
最大速度	90千米/小时
续航时间	60分钟

德国 CL-289 无人机

CL-289无人机是一种主要用于侦察的无人机，采用圆形的金属机身，带有塑料的头锥，主要侦察设备为照相和红外扫描探测设备。

CL-289无人机主要从移动卡车的弹射架上发射起飞，发射后不久助推火箭自动分离。回收方式为降落伞回收，无人机先由锥形伞减速，然后主伞打开，并使无人机的背部向下，随后前后充气囊充气，在着陆时起到缓冲作用。

英文名称：	CL-289
研制国家：	德国、法国、加拿大
制造厂商：	康纳戴尔公司
重要型号：	AN/USD-502
生产数量：	160架
服役时间：	1986年至今
主要用户：	德国陆军、法国陆军、土耳其陆军、英国陆军

基本参数	
机身长度	3.71米
翼展	0.94米
空重	78千克
最大起飞重量	156千克
最大速度	740千米/小时
最大航程	60千米

以色列"侦察兵"无人机

"侦察兵"无人机是一种无人侦察机,其机载设备包括塔曼电视摄像机、激光指示/测距仪、全景照相机和热成像照相机等。该机的机体大量采用复合材料制造,可以利用起落架起落,也可弹射起飞,用拦阻索着陆。

"侦察兵"无人机在1600米上空盘旋时,地面人员无法通过肉眼发现,该机还有噪音处理装置,再加上飞行速度也较快,所以隐蔽性非常优秀。"侦察兵"无人机在1982年以军发动的"加利利和平"行动中以及战后都有使用,用于在叙利亚和黎巴嫩上空进行侦察。

英文名称:	Scout
研制国家:	以色列
制造厂商:	以色列航空工业公司
重要型号:	Scout A
生产数量:	500架
服役时间:	1977年至今
主要用户:	以色列空军、新加坡空军、南非空军、瑞士空军

Special Warfare
Equipment
★ ★

基本参数	
机身长度	3.68米
翼展	4.96米
有效载荷	38千克
最大起飞重量	159千克
最大速度	176千米/小时
续航时间	7小时

以色列"哈比"无人机

"哈比"无人机是一种主要用于反雷达的无人攻击机,1997年在法国巴黎航展上首次公开露面,其名称取自希腊神话中的鸟身女妖。该机采用三角形机翼,活塞推动,火箭加力。机上配有计算机系统、红外制导弹头和全球定位系统等,并用软件对打击目标进行了排序。

"哈比"无人机有航程远,续航时间长,机动灵活,反雷达频段宽,智能程度高,生存能力强和可以全天候使用等特点。它可以从卡车上发射,并沿着预先设定的轨道飞向目标所在地,然后发动攻击并返回基地。如果发现了陌生的雷达,"哈比"无人机会撞向目标,与之同归于尽,其搭载的32千克高爆炸药可有效摧毁雷达。整个"哈比"无人机系统由"哈比"无人机以及用于控制和运输的地面发射平台组成,一个基本火力单元由54架无人机、1辆地面控制车、3辆发射车和辅助设备组成。

英文名称:	Harpy
研制国家:	以色列
制造厂商:	以色列航空工业公司
重要型号:	Harpy 1/2
生产数量:	600架
服役时间:	1997年至今
主要用户:	以色列空军、韩国陆军、土耳其空军、印度空军

基本参数	
机身长度	2.7米
机身高度	0.36米
翼展	2.1米
空重	135千克
最大速度	185千米/小时
最大航程	500千米

以色列"苍鹭"无人机

"苍鹭"无人机是一种大型高空战略长航时无人机,也是目前以色列空军最大的无人机,翼展超过15米。该机采用复合材料结构、整体油箱机翼和可收放式起落架,空气动力设计比较先进。动力装置为一台四冲程活塞发动机,功率为74.6千瓦。澳大利亚曾租用"苍鹭"无人机用于阿富汗作战,以支持部署在阿富汗的国际安全援助部队。

"苍鹭"无人机的设计用途为实时监视、电子侦察和干扰、通信中继和海上巡逻等。它可携带光电/红外等侦察设备进行搜索、识别和监控,而且还能用于地质测量、环境监控和森林防火等。该机的数据实时传输距离在有中继时可达1000千米,其大型机舱可根据任务需要换装不同的设备。该机装有大型监视雷达,可同时跟踪32个目标。"苍鹭"无人机采用轮式起飞和着陆方式,飞行中则由预先编好的程序控制。

英文名称	Heron
研制国家	以色列
制造厂商	以色列航空工业公司
重要型号	Heron 1/TP
生产数量	300架
服役时间	2007年至今
主要用户	以色列空军、土耳其空军、印度空军、澳大利亚空军

Special Warfare Equipment
★ ★ ☆

基本参数	
机身长度	8.5米
翼展	16.6米
有效载荷	250千克
最大起飞重量	1150千克
最大速度	207千米/小时
续航时间	52小时

南非"秃鹰"无人机

"秃鹰"无人机是一种主要为炮兵提供侦察和瞄准服务的无人机系统,包括地面控制站、无人机气压弹射发射器和回收系统,其中无人机气压弹射发射器含有两架无人机。三大系统都有自己的电力和液压能源,完全独立于运载卡车,需要时可拆换。

"秃鹰"无人机系统配置在3辆南非陆军制式10吨级卡车上,机动灵活,可快速部署,行军到战斗之间的转换时间仅需30分钟即可完成。2005年4月,"秃鹰"无人机曾进行飞行试验,在高达46.3千米/小时的强风中发射,并利用数据链飞往60千米外,再按预编程序飞行了3.5小时。

英文名称:	Vulture
研制国家:	南非
制造厂商:	先进技术与工程公司
重要型号:	Vulture A
生产数量:	100架
服役时间:	2006年至今
主要用户:	南非陆军

基本参数

机身长度	3.4米
翼展	5.2米
最大起飞重量	135千克
巡航速度	120千米/小时
最大速度	140千米/小时
使用范围	200千米

防具及其他装备

在特战行动中，士兵们不仅要具备精湛的战斗技巧和强大的武器装备，还需要可靠的防护装备来抵御各种潜在威胁。防具及其他装备（如夜视仪、手持电台等）在特战任务中扮演着至关重要的角色，它们是守护特战队员生命安全的坚固盾牌，是他们在复杂多变战场环境中生存与作战的重要保障。

美国 MICH 头盔

MICH（意为"模块化集成通信头盔"）是专门针对各特种部队的需要而设计的头盔。这种头盔能抵挡速度为442米/秒的子弹的射击。

MICH头盔有6~8层泡沫衬垫防震系统，能根据士兵的具体需求进行增减。将MICH头盔戴在头上几分钟后，头盔里的衬垫就会变得松软，最后将完全贴合士兵的头形。

MICH头盔的迷彩盖面是两面用的，可在林地或沙漠环境中使用。MICH头盔的防轻度撞击能力比美国陆军和其他特种部队曾使用过的头盔都要好。

MICH头盔是美国特种部队司令部用来装备摩托和越野车的唯一冲击式头盔。其较高的帽檐能为使用人员提供更宽广的视野，当全副武装的士兵使用这种头盔卧倒时仍不会影响其对目标进行打击。

英文名称：	MICH
研制国家：	美国
制造厂商：	Armor Source 公司
主要用户：	美国特种部队

Special Warfare Equipment
★ ★ ☆

基本参数	
重量	1360~1630克
盔壳厚度	约5毫米
主要材料	凯芙拉

第 6 章 防具及其他装备

▲ 佩戴MICH头盔的士兵

▼ 黑色MICH头盔

美国 FAST 头盔

FAST头盔是一种供特种部队使用的战术头盔,FAST是"Future Assault Shell Technology Helmet"(未来突击外壳技术)的简称。该头盔最早在2009年的SHOT SHOW展览上向公众展示,并很快被美军特种部队采用。如今,FAST头盔已被广泛装备于全球多个国家的特种部队和特警单位。

与传统制式军用头盔相比,FAST头盔显著减轻了重量,并且是首批采用超高分子量聚乙烯(UHMWPE)材料的头盔之一,能有效抵御9毫米帕拉贝鲁姆弹的射击。这款头盔配备了Ops-Core公司生产的悬挂系统,用户可以轻松调整头盔的松紧,以达到最佳舒适度。FAST头盔两侧均设有ARC导轨,方便用户安装手电筒、降噪耳机和通信设备等装备;同时,头盔中央的固定座可通过适配器安装夜视仪或摄像设备,为特种作战提供战术优势。头盔上的魔术贴区域允许用户贴上代表其国籍、部队或机构的标志,以及呼号和血型等识别信息。

英文名称:	Future Assault Shell Technology Helmet
研制国家:	美国
制造厂商:	Ops-Core公司
重要型号:	FAST Sentry/XP/MT/SF/RF1/XR
服役时间:	2009年至今
主要用户:	美国、英国、菲律宾、土耳其等

基本参数

重量	667~1592克
盔壳厚度	7.37毫米
主要材料	碳纤维、超高分子量聚乙烯

俄罗斯 6B47 头盔

6B47头盔是俄罗斯"勇士"单兵作战系统的重要组成部分。它首次集成了模块化接口,能够支持夜视仪、通信设备等外挂装备,从而显著增强了战场适应性。作为俄军第二代现代化头盔,6B47头盔融合了防护、兼容性与轻量化设计,体现了信息化战争对单兵装备集成化的需求,也是俄罗斯单兵系统追赶北约标准的重要成果。

6B47头盔采用全盔式设计,提供较大的防护面积。与之前的俄制军用头盔相比,6B47头盔采用了模块化设计。其右侧配备皮卡汀尼导轨,方便士兵安装战术灯等装备;中央的固定座则可用于夜视仪或摄像器材的安装。6B47头盔使用芳纶材料制成,重量较轻。头盔还可适配多种颜色或迷彩涂装的盔罩,进一步增强了伪装效果。此外,6B47头盔符合俄罗斯二级防弹标准,能够有效抵御5米外发射的9毫米钢芯弹的冲击。

英文名称:	6B47 Helmet
研制国家:	俄罗斯
制造厂商:	阿莫科姆公司
重要型号:	6B47
服役时间:	2013年至今
主要用户:	俄罗斯

基本参数

重量	1250克
盔壳厚度	约8毫米
主要材料	芳纶

美国 MBAV 防弹背心

  MBAV防弹背心的全称为"模块化防弹背心",是由美国特种作战司令部主导研发的先进装备,其诞生源于"特种作战部队个人装备高级要求"(SPEAR)项目。该项目自1996年启动,旨在打造一套高度模块化的护甲与携行具系统,以满足特种作战部队在多样化任务中的需求。经过数年的研发与改进,MBAV防弹背心于2004年进入特种部队试用阶段,并在多轮严苛测试中不断完善设计细节。2009年,该背心正式列装美国陆军特种部队,成为其标准配备的防弹装备。

  MBAV防弹背心允许士兵根据任务需求快速调整和配置防护及携行装备。背心的前后部分均可插入标准尺寸的防护插板,从而提供高级别的防弹保护。此外,侧边还可插入肋部防弹插板,进一步增强侧面防护能力。背心的肩带和腰部设计可根据不同士兵的体型进行调整,确保穿着舒适且稳固。背心外侧配备大面积的MOLLE织带,方便搭载各种战术装备,如弹药包、无线电包等。

英文名称:
Modular Body Armor Vest
研制国家: 美国
制造厂商: 鹰工业公司
重要型号: MBAV
服役时间: 2009年至今
主要用户: 美国

Special Warfare
Equipment
★ ★ ☆

基本参数

重量	约7.3千克(完整配置)
突出特点	模块化附件、防弹插板、MOLLE织带
主要材料	凯夫拉、尼龙

美国 SPCS 防弹背心

SPCS防弹背心是一种轻量化个人防护装备,全称为"士兵载板背心系统"。该防弹背心专为适应在高海拔及复杂地形中作战的部队对高机动性的严苛要求而精心设计,相较于传统的IOTV防弹背心,其在重量上实现了显著的轻量化。SPCS防弹背心通常作为IOTV防弹背心的有力补充,尤其在那些对装备轻量化有着迫切需求的作战环境中得到广泛配发与使用。

SPCS防弹背心主要为士兵的前胸、后背和两侧提供保护,并且可以插入标准的防弹插板,例如ESAPI插板,以增强防护能力。SPCS防弹背心的肩带可调节,以适应不同体形的士兵,且背心内部配备了肩垫,以提升穿着的舒适度。此外,SPCS防弹背心具备快速拆卸功能,使士兵能在紧急情况下迅速脱下背心,其快拆拉手位于领口位置,并采用魔术贴固定。SPCS防弹背心的前后面板及侧板均配备了MOLLE织带,这提供了额外的挂载能力,允许士兵根据任务需求挂载各类战术装备和弹药。

英文名称:Soldier Plate Carrier System
研制国家:美国
制造厂商:KDH防务系统公司
重要型号:SPCS
服役时间:2009年至今
主要用户:美国

基本参数

重量	约10千克(完整配置)
突出特点	轻量化、快速拆卸、防弹插板、MOLLE织带
主要材料	尼龙、聚乙烯

俄罗斯 6B45 防弹背心

6B45防弹背心是一种模块化防弹背心，是"勇士"单兵作战系统的关键组成部分。2015年，6B45防弹背心正式成为俄军制式装备，标志着俄军单兵防护系统在模块化、集成化方向上迈出了关键一步。

6B45防弹背心采用模块化设计，允许士兵根据任务需求加装护臂、护裆等额外防护配件，并配备紧急释放装置。背心表面设计有大量MOLLE织带，可安装6Sh117全功能轻量化单兵携行装备的副包，实现携行与防护的一体化。背心面料具备防水和阻燃特性，表面经过抗红外喷涂处理，能够有效规避夜视设备的侦察，迷彩图案则采用俄罗斯特有的EMR数码迷彩。背心本体配备芳纶防护层，能够抵御冷兵器的劈砍，并可承受以最高550米/秒速度冲击的约1克重碎片。俄军通常使用配备防弹插板的版本，提供GOST 5级防护。

英文名称	6B45 Bulletproof Vest
研制国家	俄罗斯
制造厂商	Techinkom公司
重要型号：	6B45 Light/Medium/Heavy
服役时间	2015年至今
主要用户	俄罗斯

Special Warfare Equipment
★ ★ ☆

基本参数

重量	约8千克（完整配置）
突出特点	轻量化、模块化附件、防弹插板、MOLLE织带
主要材料	芳纶、尼龙

美国 AN/PVS-14 夜视仪

AN/PVS-14 是一种可靠的高性能轻型夜视仪，其具有较高的分辨率，可以提高士兵的机动性和目标识别能力。

AN/PVS-14 夜视仪可以通过支架安装到 MICH、PASGT、ACH、ECH 等多种头盔上，也可以用另外一种转接装置接到各种装有标准导轨的枪械上，并且可以和其他瞄具配合使用。它可以安装一种3倍的增倍镜，以提高中距离的观瞄能力，获得更为准确的成像。整套夜视系统除了 AN/PVS-14 本身之外，还包括一套支架、镜桥、备用镜环、说明书，以及一套带有魔术贴的调节贴，分大小号两款，可以根据使用者的脸型自行调整。另外，目镜也可以调节，以适应不同眼球曲率的使用者。

英文名称：	
AN/PVS-14 Night Vision	
研制国家：美国	
制造厂商：	
美国国际电话电报工业公司	
生产数量：15000部以上	
服役时间：2000年至今	
主要用户：美国	

Special Warfare Equipment

★ ★ ☆

基本参数	
长度	114.3毫米
宽度	50.8毫米
高度	57毫米
视场	40度
放大倍率	1倍/3倍
对焦范围	25厘米至无限远
电压	1.2~1.5伏特
重量	380克（含电池）

▲ 安装在头盔上的AN/PVS-14夜视仪

▼ 安装在枪上的AN/PVS-14夜视仪

美国 AN/PVS-31 夜视仪

AN/PVS-31夜视仪是L3哈里斯公司专为美国特种作战司令部研发的双目夜视仪，用以替代过时的AN/PVS-15夜视仪。

AN/PVS-31夜视仪安装锂电池后的重量仅为449克，比大多数民用单目夜视仪更轻。该夜视仪结构设计紧凑，左右镜筒可实现上下独立侧翻转135度，上翻时自动关机，下翻时自动开机，侧翻向上时阻尼效果出色，有效防止镜筒滑落。AN/PVS-31夜视仪的目镜尺寸较AN/PVS-14夜视仪更小，镜片直径也相对较小，因此画面范围略小，使用时需将夜视仪放置在距离眼睛更近的位置以获得最佳视野。该夜视仪采用一节CR123A电池供电，在室温条件下可连续工作超过50小时。此外，使用者还可通过安装在头盔后方的远端电池组，进一步延长夜视仪的使用时间，以满足长时间作战或执行任务的需求。

英文名称:	
AN/PVS-31 Night Vision	
研制国家:	美国
制造厂商:	L3哈里斯公司
重要型号:	AN/PVS-31
服役时间:	2000年至今
主要用户:	美国

Special Warfare Equipment ★★

基本参数	
长度	115毫米
宽度	105毫米
高度	85毫米
视场	40度
放大倍率	1倍
对焦范围	30厘米至无限远
电压	2.6～4.2伏特
重量	449克

俄罗斯 PN14K 夜视仪

PN-14K夜视仪是俄罗斯在微光夜视技术领域取得的重要成果，其研发背景与俄罗斯夜视技术的整体发展脉络密切相关。作为第三代夜视仪，PN-14K于21世纪初期开始研发，并于2015年左右逐步列装俄罗斯特种部队和边防部队。该夜视仪具备较高的夜间分辨率和环境适应性，其设计充分兼顾了多种作战环境，能够满足夜间侦察、巡逻、驾驶等多种任务需求，并支持头戴和手持两种使用方式。

PN-14K夜视仪采用双目单物镜设计，配备可更换的1倍和4倍镜头，视场角分别为40度和10度，能够满足不同距离的观察需求。其像增强器的分辨率介于51～72线对/毫米之间，具体数值取决于所使用的像增强管型号。该夜视仪还配备了红外照明器，可在全黑环境下提供辅助照明，有效探测距离可达200～500米。

英文名称：	PN14K Night Vision
研制国家：	俄罗斯
制造厂商：	新西伯利亚光学仪器制造厂
重要型号：	PN14K
服役时间：	2015年至今
主要用户：	俄罗斯

基本参数

长度	182毫米
宽度	124毫米
高度	64毫米
视场	40度、10度
放大倍率	1倍、4倍
对焦范围	25厘米至无限远
电压	1.5伏特
重量	450克

美国 AN/PRC-163 手持电台

AN/PRC-163手持电台是一种多频道手持无线电设备，美国陆军、空军、海军和海军陆战队均有装备。它能够在战场环境中为作战单位迅速且可靠地传递信息、共享情报，并为态势感知提供关键保障。

相较于传统的单通道无线电设备，AN/PRC-163手持电台在尺寸、重量和功耗方面实现了显著的优化，同时功率输出提升至两倍。该电台具备多通道操作能力，可同时传输语音、视频和数据信息。AN/PRC-163手持电台采用双高显示屏设计，关键状态信息清晰可见，且允许用户在不取出电台的情况下，直接从皮套中访问基本功能。此外，AN/PRC-163手持电台内置"移动用户目标系统"（MUOS）军事通信卫星端口，能够无缝接入全球范围内的国防信息网络（GIG），并支持软件升级，以适应未来复杂多变的战场环境需求。

英文名称：	AN/PRC-163 Handheld Radio
研制国家：	美国
制造厂商：	L3哈里斯公司
重要型号：	AN/PRC-163
服役时间：	2018年至今
主要用户：	美国、英国、加拿大

基本参数

长度	152.4毫米
宽度	76.2毫米
厚度	50.8毫米
重量	1250克
防水深度	20米
工作温度	-30~55摄氏度
存储温度	-40~85摄氏度

参考文献

[1] 军情视点. 美国特种部队武器装备图鉴[M].北京：化学工业出版社，2016.

[2] 军情视点. 奇兵突袭：全球特种武器与装备100.北京：化学工业出版社，2015.

[3] 索斯比·泰勒扬. 简氏特种作战装备鉴赏指南[M]. 北京：人民邮电出版社，2009.

[4] 名枪杂志编辑部. 揭秘特种部队装备[M]. 北京：中航出版传媒有限责任公司，2012.

[5] 瑞安. 世界特种部队训练技能和装备[M]. 北京：中国市场出版社，2011.

[6] 陈艳. 手枪——青少年必知的武器系列[M]. 北京：北京工业大学出版社，2013.